U0186920

服装设计与数字化技术的融合

支阿玲　著

中国原子能出版社

图书在版编目（CIP）数据

服装设计与数字化技术的融合 / 支阿玲著. --北京：
中国原子能出版社，2023.9
ISBN 978-7-5221-3034-7

Ⅰ. ①服… Ⅱ. ①支… Ⅲ. ①服装设计–数字化–研
究 Ⅳ. ①TS941.2

中国国家版本馆 CIP 数据核字（2023）第 192812 号

服装设计与数字化技术的融合

出版发行	中国原子能出版社（北京市海淀区阜成路 43 号　100048）	
责任编辑	白皎玮	
责任印制	赵　明	
印　　刷	北京天恒嘉业印刷有限公司	
经　　销	全国新华书店	
开　　本	787 mm×1092 mm　1/16	
印　　张	9.75	
字　　数	148 千字	
版　　次	2023 年 9 月第 1 版　2023 年 9 月第 1 次印刷	
书　　号	ISBN 978-7-5221-3034-7	定　价　**76.00 元**

发行电话：010-68452845　　　　　　　版权所有　侵权必究

前　言

　　自改革开放至今，我国社会经济实现了飞跃式发展，社会大众的经济收入水平不断提高。与此同时，对物质生活的质量与经济消费水平的要求也不断提高，生活消费方式从以往的生存消费转变成为享受消费，更加关注自身的消费体验。这一转变体现在社会大众生活的方方面面，以日常生活中最常见的衣食住行为代表，其中以对服装消费观念的转变为典型的代表，大众除了关注服装的实用性之外，也开始追求服装的品质质量，以及服装设计款式等。

　　随着社会经济与科学技术的发展，数字化服装设计开始进入社会大众的生活视线，并且受到大众的认可与欢迎，满足了社会大众对服装设计等各方面的需求。服装设计是一种艺术形式，不仅体现在服装设计的色彩及材料层面上，还体现在个体对服装的穿着形态层面上。互联网时代加快了服装设计与管理工作向信息化、数字化方向发展的步伐，为促进服装设计与管理工作的创新提供了保障。

　　本书基于服装设计与数字化技术的融合进行阐述，概述了服装与设计的基本概念、功能、分类，以及服装美学和服装设计与艺术的关系等，接着探讨了现代服装设计的美学原理，之后探讨了服装设计程序，最后对数字化与数字化服装技术和数字化服装三维设计进行总结和探讨。

　　本书在编写的过程中参阅了相关著作，引用了许多专家及学者的研究成果，在此表示最诚挚的谢意。由于时间仓促，笔者水平有限，本书错误和不当之处在所难免，恳请广大读者多提宝贵意见，以便以后的修改与完善。

目 录

第一章
绪　论

　　服装是人类赖以生存的必要物质条件之一，自从其诞生就伴随着人类，存在于各种不同的空间环境之中。作为人类个体外在形象的主体，它所具有的视觉传达作用，现已成为反映人类社会文明进步的重要载体和表达现代人自我意识、个性、主张、兴趣、爱好的主要媒介。

　　法国著名作家阿娜托耳·法兰士曾说过："假如我死后一百年，还能在书林中挑选的话，你猜我将选什么？在未来的书林中我既不选小说，也不选类似小说的史记。啊！朋友，我将毫不迟疑地直取一本服装杂志，看看我身后一个世纪妇女的服饰，它能显示给我的未来人类文明，远比一切哲学家、小说家、预言家和学者告诉我的都多。"

　　不难看出，服装作为一种非语言性物质就像一面镜子，折射着人类的进步与发展，体现着现代人生活的方方面面。当我们来到一个陌生的地区，只要仔细观察那儿人们的服饰特征，就不难判断出，那里人们的生活习俗和社会繁荣的程度。可以说，服装既是社会文化的表象，同时也是人类精神文明的象征。

第一节　服装的基本概念、功能、分类

一、服装的基本概念

服装一词对于今天的人们来说是一个再熟悉不过的词语了,但是日常生活中人们却往往把它与时装、衣服、成衣、服饰等混淆起来使用,实际上这是不正确的。

1. 服装

服装就其词意而言,包含了两种意思。"服"即衣服,是一种物的存在形式。对人而言,其主要功能在于保暖蔽体。而"装"意为装扮、打扮,是一种精神需求。对人而言,它所具有的主要功能在于满足人们的审美目的。也就是说,衣服的词意仅仅表达了服装这个概念的部分含义。服装的定义应为:衣服经过人的审视、思考,并加以选择整理,然后穿着在身上所呈现出的状态,为服装。它是人与衣服的总和。常说的服装美,实质上就是指的这种状态美。服装必须依靠人及其相处的环境而存在,脱离了人体与其相处的环境,就不能再称之为服装,而只能叫衣服或衣物。

2. 时装

时装是指某个阶段所流行的服装衣饰。时装的英文单词为 fashion,源于法文的 factio 一词。其含义为时髦、流行款式,也有方式、模样、姿态的解释,用于服装上专指"流行服装",即时装。而冠以"时"字来形容,主要是为了明确"时髦"含义。

服装衣饰向来都具有很强的时代性,即流行性。但是服装的流行并非是一成不变的,它要受到来自于政治、经济、文化、宗教、思想、科学技术等因素的影响,并伴随着时代的变迁,而不断演绎出新的内容。有时一种风格的服装可能会流行数年，也有的可能仅流行一季便成了过去。翻开服装发展的历史，这样的例子不胜枚举。当然服装的流行除了要受上述客观因素的影响之外，其自身的周期性发展也是决定其流行的一个重要原因。把服装的这种周期性发展称为流行周期，即服装的发生、成长、成熟、衰退、完结五个阶段。

服装经设计师设计发表出来，若尚未普遍化，称之为摩登；而一旦流行开来，并具有普遍性倾向时，则称之为流行时装。当这种流行时装继续发展下去出现太过流行时，随着人们对新时尚的追求，这些原本流行的时装就会被新流行起来的时装所取代。当然这些被淘汰掉的时装并不等于就此完结了，而是作为一种固定的式样被保留下来，等待着新一轮流行的开始，因为流行具有一定意义上的循环复古性。虽然这种循环因时代的审美尺度不同、标准不同，会有较大的差异，但是其内在的关联性则是必然的。因此，这些被固定下来的式样肯定会以一种新的形式出现在未来的流行时装行列中。

3. 成衣

成衣是指那些由服装生产企业按照一定标准、型号设计生产的批量成品衣服。一般来说，此类衣服与裁缝店中定做的衣服和自己在家中缝制的衣服有本质上的区别。因为成衣不是以某个人为对象或者为某个阶级服务的，而是以大众为对象，为大众服务的，故而有"成衣是大众的"之说。目前各类商店中一般出售的衣服基本上都是成衣。它最大的特点就在于顾客购买了以后即可以穿用，方便、省时。

4. 服饰

服饰不仅仅指的是衣服本身，而且连带着衣服之外的装饰和附属品也都包含在内。例如，实用性的帽子、手套、围巾、腰带、鞋；装饰性的手袋、别针、饰纽、耳环、项链、戒指等都附属于服饰方面的范畴，服饰即是服装与饰物的总称。

5. 衣服

所谓衣服指的是穿在人体上的附着物。无论它是被人们穿在身上或是脱下来放置在任何地方，都可以叫作衣服。如果单称"衣"时，常指上身的衣着。裙、裤、属于衣服，但一般不能单独称作"衣"来使用。

二、服装的功能

服装不同功能的产生，来自于人类的生活实践。一般来说：有什么样的生活需求，就会有与之相适应的服装功能。现代服装的基本功能概括起来共有三个方面：即服装的实用功能、社会功能和审美功能。

1. 实用功能

服装的实用功能是服装创立的基础，任何一种服装形态，如果实用性很差，就存在着被抛弃的危险。在服装发展演变的历史过程中"无用退化"是一个非常普遍的现象。这就像生物的进化一样，"物竞天择，适者生存"。例如，我们的民族传统服装目前在日常生活中已鲜见人穿，这种现象的产生，很大一个原因就在于这些服装的实用功能已经远远无法满足现代人的生活需求了。因此而被实用性更强的西式服装所取代，从而形成我国现代生活中 90%以上的人都穿用西式体形服装的特点。所以，实用是服装这种形态所赖以生存的主要依据。

对于服装实用功能的理解有广义与狭义之分。广义上的实用应理解为"适应"，即对自然环境的适应和社会环境的适应。狭义上的实用，则表现为服装的各种机能性，如防护性、科学性、卫生性等。

防护性：通过穿用衣服可以使人得到身体保护、心理保护和安全保护。如人们在冬天怕冷，有了衣服人在心理上就可以增加安全感。

科学性：通过不断调整衣服的各种理化指标来改善衣服的服用性能，从而达到提高人体运动机能的目的。

卫生性：通过从生理学、卫生学的角度研究人体的生理现象及与衣物

4

的关系，来提高人体的健康状况。

2. 社会功能

服装作为一种非语言性的信息传达媒体，不仅把使用者的社会地位、职业、文化修养、个性，所担负的社会责任，自信心等属于个体方面的印象传达给别人。同时还能反映出不同地区、阶级、行业、社会集团和社交、礼仪、情爱、象征及标志等属于社会性质的特征。这就是我们所说的服装的社会功能。

从社会学的角度讲：服装一直都在装扮着人类的社会形象，起着角色的作用。在某种意义上服装体现着人类社会的价值观、传播着不同民族文化的特色、界定着不同行业的性质，也包括规范着约定俗成的道德、习俗等，成为社会有序发展的动力之一。如果服装失去了这种社会功能，那么人类经过几十万年所形成和建立起来的生活模式，将会受到极大的威胁。人们就不能很好地生存，也无法进行密切的交往。

当人们外出时，根据不同的目的，穿上不同形式的服装，就会产生一种随之而来的社会归属感。这种情感的产生，除了服装的基本属性以外，更主要的还是由服装的社会属性所引起的。人们有了这种情感，就会自然地形成一种积极向上的生活态度，就会有利于调动工作的热情和加强人际间的交流活动。可以说，服装的社会功能是帮助人们完成各种各样生活状态，协助人们达到各种生活目的的一种重要保障。

3. 审美功能

服装的审美功能包括艺术形象性和美学本身鉴赏的功能。

服装的审美来源于着装者本能的追求美的心理。无论是古代的原始人还是现代的文明人，都有一种想把自己打扮美的愿望。正如马克思说的："人类总是按照美的规律制造。"

随着人类物质文明和精神文明的不断提高，人们追求美的愿望愈发强烈。这种愿望首先表现为个人的自我完善，衣着美、形象美就是这种自我完善的重要条件之一。当人们穿上一件新颖、时尚、得体的服装，弥补了形体上的某些欠缺，展示出自身的气质、修养和较好的精神面貌时，除了能给他人留下一个美好的印象之外，也能使穿衣人本身在社会的交往活动中树立起更大的自信心。因此，现代的服装已不仅仅是用来蔽体护身和体现社会属性，它应该、也必须具有更高的审美价值，来体现人们的精神意识，传达新的美学标准，成为人类美化自身，展示自我的艺术品。

三、服装的分类

现代服装是极其丰富多样的，要学习服装设计，首先就得分清服装的类别，否则容易造成概念上的混淆，不利于学习活动的进行。

服装的种类，可以按性别和年龄特征、穿着顺序、预定用途的活动场合、着装季节和织物品种等不同的方面来加以分类。

1. 按性别和年龄特征

服装可分类为男装、女装、男女共用装和成年服（青年服、中年服、老年服）及儿童服（婴儿服、幼儿服、少年服）。

2. 按穿着顺序

服装可分为内衣、外衣、外套三大类。

内衣指的是直接贴体穿着的衣服。包括贴身内衣、补整内衣、装饰内衣三大类。

外衣通常指穿在内衣外面的衣服。包括连衣裙、套装、猎装、夹克衫、休闲装等。

外套指穿在外衣外面的衣服。根据使用季节的不同，它包括各种大衣、风雨衣、短外套和各式披肩等。

3. 按预定用途的活动场合

服装可分为生活装、便装、职业装、运动服、礼服和舞台服装等。

生活装指适合于家庭劳作和在家庭中进行各种活动时穿着的服装。一般又分为家居服、劳动服等，如主妇袍、宽松式套装、围裙和连衣裤等。

便装泛指那些穿着比较随意、自由，适合上街购物、休闲，以及上班途中所穿用的服装。如夹克衫、T恤、市街服、休闲旅游服等。

职业装包括职业制服、劳动保护服和工作服三种：其特点既能体现职业的特征又能起到劳动保护的作用。如警服、军服、工商服、税务服、学生服、电工服、冶炼服、消防服、酒店员工服、医士服、护士服等。

运动服包括专业运动服和休闲运动便装。专业运动服不仅要针对具体运动项目的特点最大限度地加以满足其实用功能的需要，而且还要方便和进一步促进该项目的动作完成。体育运动爱好者所穿着的运动服除了保障其实用功能的要求外，很大程度上起到的是美化和装饰的作用。运动服的种类有田径服、体操服、登山服、泳装和各种球类运动服等。

礼服专指人们参加一些礼仪性活动时所穿用的服装。它包括社交服和礼仪服两大类，如婚礼服、丧礼服、晚礼服，以及西方国家的下午礼服、鸡尾酒会服、小晚礼服、大晚礼服、礼宴服等。

舞台服装是指演员们在剧院和露天舞台上单独或集体演出时所穿用的表演服装。这种服装与生活服装的区别，就在于它的主要功能是围绕着塑造剧中人物而设定的。服装必须为剧情的内容服务，是塑造人物形象特征的一种手段。

4. 按着装季节

服装可分为春秋装、冬装和夏装三大类。

5. 按织物品种

服装可分为梭织服装和针织服装两类，包括天然纤维材料、人造纤维材料，合成纤维材料、混纺材料等。如果服装按其所用材质分类，还应包括皮革服装、裘皮服装，以及其他一些特殊材料所制作的服装。

第二节　设计的概念、分类、发展及研究领域

一、设计的概念与分类

学习服装设计，要先学习什么是设计。只有当掌握了什么是设计时，才能更好地去学习服装设计，才能从根本上分清服装设计与设计的关系。

（一）设计的概念

关于设计一词，对大家来讲并不感到陌生。从城市到乡镇，各类的设计公司、设计中心随处可见。从高楼大厦到日用百货，含有设计因素的产品充盈着我们生活中的方方面面。"设计"一词已经成为我们在日常生活中常常信口道来的一句非常普通而且使用率极高的词语。尽管如此，但真正懂得和理解它的含义的人却并非如使用它的人那样多。那么，到底什么是设计？

"设计"与中文设计相对应的一词有英文中的 design 和法文的 dessin，两者均来自于拉丁文中的 designare。目前，国际上通用的是英文 design，它的词义为：计划、构思、设立方案，也有意象、作图、制型的意思。由于设计一词本身的含义范围非常广泛，有动词与名词之分，如设计服装和服装设计。所以目前世界各国设计界对其解释也不尽一致。像老牌的工业国家，英国的著名设计师布尔斯·阿查，对设计的定义是：有目的地解决问题的行为。而发达国家之一的日本，其著名的服装设计师村田金兵卫对

8

设计的定义则为："设计即计划和设想实用的、美的造型，并将其可视性地表现出来。换句话讲，实用的、美的造型计划的可视性表示即设计。"因此，国际设计组织对于设计的定义也就没有一个固定的注解。相对较为统一的认识为：设计是进行整体结合的组织过程，例如，以《原味》为主题的女装设计企划案例，分别从灵感来源、流行色、服装款式及相应搭配的彩妆等元素，展示出整体组织过程的设计体现。

（二）设计的分类

当知道了设计的含义，再来看一看有关设计的分类。设计是一个非常庞大的体系，人类所生活的空间，从某种意义上讲，就笼罩在这个庞大的体系中。衣、食、住、行，每一样都含有设计的因素。有原始的，有现代的，也有超前的。面对这样一个体系，如果不能很好地把它加以区分的话，就难以把握它和利用它为人类的生活创造更多的方便条件。正因如此，许多人都在试图把这个庞大的设计世界，体系性地加以概括。在这些人当中，最成功、也是最优秀的当属日本的川添登所创立的方案。他是从人与自然、人与社会、社会与自然的三角关系上来概括设计领域的。人与自然之间，人类面对大自然为了生存而创造了工具这种装备。人与社会之间，为了传达意图，因而产生了精神性的装备。而在社会与自然之间；为了竞争便有了环境的装备。这就形成了相对应的产品设计、传达设计、环境设计，三大设计领域，如图 1-1 所示。

1. 环境设计

包括室内设计、建筑设计、环境空间设计、城乡规划设计、店面设计、交通布局设计等。环境设计的目的是设定使人类工作、活动方便而舒适的空间与环境。其最大的宗旨在于从群体的角度来考虑设计的合理性和效率性并兼顾美化功能。如室内和门面设计的美观性，城乡规划设计的合理性，交通布局设计的科学性及效率性等。

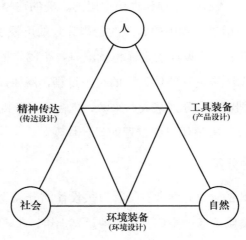

图 1-1　三大设计领域

2. 传达设计

按传播的媒介可分为画刊、杂志、报纸、照片、海报、POP 广告、电视、电影、无线电、各种展示会等。这方面的设计工作，主要是用于商业服务方面。也就是那些以促进商品销售为目的的用于广告宣传的展示设计。这些设计重点放在图面或画面上，即通过这些图面或画面的视觉功能来传播信息，达到促进商品流通、销售的作用，为商品增添附加价值。

3. 产品设计

二维的包括织物设计、壁纸设计、挂毯设计、室内织物设计、地毯设计等。三维的包括服装设计、工业产品设计、机械设计、家具设计、手工艺品设计等。

以上这些产品设计也可称之为商品设计，近代商品的发明、生产为人类提供了更加丰富的生活内容或工业生产设备。除了一些自然的产品以外，大部分都要经过工业的加工。这些产品的设计目的首先是实用，其次讲究美观。当然，不同的产品其侧重面也不一样，有的可能倾向于实用，有的可能更加侧重于审美。例如，一台车床就不必过分地讲究美的效果，而室内织物用品则必须讲究其审美的艺术品位。

上述是三大设计领域中各自所包括的内容与属性。除了这三大设计领域以外，还要提到一类较为特殊的设计，即工艺设计。工艺设计与以上三大设计体系有着明显的差别，那就是它更加注重美学和艺术性。其特点是观赏价值远远超过实用价值，它所包括的种类有染织工艺设计、陶瓷工艺设计、漆器工艺设计、景泰蓝工艺设计、服装工艺设计等。

工业产品设计虽然也要讲究美学价值，但美所起到的作用只是给产品添加了附加价值，产品的价格基本上还是依原料和制作成本而确定的。工艺设计产品的价格，则没有严格的核算标准，主要是看设计者的构思与技术表现所受欢迎的程度。例如，一只陶瓶，其成本价值可能仅为几元钱，然而，当它经过工艺设计师的设计、烧制，在市场上大受欢迎时，它可能就会成为一件价值不菲的艺术品。

工艺设计除了上述特点外，与其他艺术设计门类相比较，还有另外一个不同的地方。那就是，作为一般设计，设计师和制造者是不同的人。例如，房屋的设计师并不一定非得是具体的建筑者，尽管他可能参与其中。但工艺设计师则不同，他必须自始至终地参与工艺品的制造，换句话说：工艺设计师也就是制作产品的技师。

二、设计发展的三个阶段

设计的历史是人类创造物质的历史，从它的发展过程中，可以明显地观察到它所经历的三个不同发展阶段。

第一阶段：即在只有工匠而没有设计意识和被称为设计师的人还没有出现的农业革命以前。这一时期由于技术的落后，技能的进步非常缓慢，生活变化也很少。人们对生活中不适应的部分只能一点、一点地改良，逐渐使其完善。所以材料和加工方法在相当长的一段时间内是一定的，因而形成了从制作方法到使用方法一整套完整的模式，俗称"程式化加工时代"。这时的设计实质上是对这些模式的选择，在这些样式的框架中产生了夸耀高超技巧的装饰设计。

第二阶段：1765 年在第一次爆发产业革命以后的工业社会中，与大工业生产方式相适应的设计就应运而生了。机械生产的设计方法和手工业时代的方法，在思考方向上有着本质性的区别。其从材料的选择到加工制造，从产品的销售、使用到废弃等一切要素都要进行有计划的考虑。即注重设计的系统性和体系性。这被称为生产设计。它是人类历史上的第二个设计阶段，在这个阶段产生了设计师的名称。

第三阶段：随着科学技术的发展，物质生活水平的提高，人们开始追求生活的多样性，并寻找适合自己生活需要的有个性的设计，生活科学受到重视。与第二个阶段以生产为主的设计相比，这时进入了以满足消费者生活需求为主体的设计阶段。每个设计师，每个企业都必须站在消费者的立场上进行设计，设计充分体现在生活的每个方面和角度。这种由生活方式的个性化、自由化带来的设计多样化，被称为生活设计。

以上三个阶段，即框架中的装饰性选择设计、生产设计、生活设计与科学技术的发展是分不开的。在高度发达的国家里，大多已进入到第三个阶段。而在发展中国家，则多处于第二个设计阶段。在一些落后的国家里，因贫穷有的仍然处在第一阶段里。当然这三个阶段，也因不同的设计领域而异。在那些技术革新发展迅速的机械生产领域中，多以生产设计为主，而在民用生活品生产的领域中，早已进入到生活设计阶段。但在有的领域直到今日，装饰设计依然发挥着极其重要的作用，如工艺美术行业便是如此。

三、服装设计的概念、发展及研究领域

1. 服装设计的概念

了解了设计的概念以后，从属于设计体系范畴的服装设计，其概念也

就应运而生了。服装设计的定义为：服装设计是服装设计师把构成服装的各个因素有机结合起来的组织过程。这是从理论总结中得出来的概念。如果从空间角度来讲，也可以把服装设计理解为：服装是人体着装后的一种状态，服装设计即是这种状态的设计。它是一种创造，是样式的确立，是科学和艺术的结合，是素材的人化。

2. 服装设计的发展阶段

服装设计的发展如同设计的发展一样，同样也经历了三个不同的发展阶段。从服装的起源之说中可以看出，朴素而又原始的对于美的追求和实用目的是服装发展创立过程中一个至关重要的因素。在产业革命以前，由于科学技术的不发达和生产手段的落后，服装尚无法进行规格统一的批量生产。服装的加工制作也保持着一种相对原始与单调的方法。服装的样式是由手工艺者根据着装者的要求在个体作坊中定做完成的，也有的是由着装者根据一些既成的样式来加以选择购买穿用的。因而形成了在近代以前的历史中，服装的造型变化与发展总是相对缓慢。有的服装样式数十年不变，更有甚者百年以上亦不变。这就是服装单体加工，选择设计的初级阶段。

缝纫机的发明改变了服装生产加工的方法。缝纫机被搬进工厂，出现了成衣批量生产的新形式。这种变化促进人们改变了对传统服装的看法，也带来了设计方法的变革，使服装的发展步入了一个新的历史时期。

随着服装设计作为一门学科在产业革命的进程中逐渐独立出来，服装便进入到以高级时装设计为主体的设计时代。1850 年，沃斯在法国巴黎开设了第一家高级时装店。以后随着各类不同的高级时装店的建立与发展，以先进的欧美各国为首，服装，特别是女装逐渐脱离了传统的样式，向着适合于工业时期的现代样式转变，即向轻装化方向发展。这一时期，也正是人类历史上科学技术空前发展，生产力水平迅速提高的一个重要阶段。各种新兴的纺织机械，印染技术被用于服装材料的加工，缝纫机也被搬进了工厂，并广泛地得到使用。这种巨大的变革，使得服装业蓬勃而又迅猛地发展起来。与此同时，西方对于服装设计学的研究和研究体系也在其他应用产品设计理论的基础上开始建立起来。例如，20 世纪 30 年代维·伊·亚可伯逊就发表了《服装设计的基本美学因素》一书，并重点指出了，服装的设计应符合其比例、均衡、夸张、韵律和节奏的美学法则等。这种理论上的指导无疑对这一时期服装设计水平的提高起到了积极的推动作用。

自 19 世纪末到 20 世纪中叶，在欧洲形成了以法兰西文化为背景的上层社会宫廷服装设计的风格，并前后涌现出一大批世界著名的服装设计大师。如：简·帕度、苛苛·夏耐尔、夏帕瑞丽、克里斯羌·迪奥尔、巴伦夏加等。他们站在服装发展的最前沿，操纵着服装发展的方向，不断地推出一个又一个新的流行潮流。令人眼花缭乱，激动迷茫。人们无暇顾及自我，没有更多的选择余地，处于一种随流行潮流而动的被动境地。这就是此一时期的特征，即由设计师来创造、操纵服装流行的产品生产设计阶段。

20 世纪 60 年代。1968 年 5 月，法国巴黎爆发了"五月革命"。这是由学生和工人掀起的一场反体制运动，这场运动对当时人们的意识形态是一个非常大的冲击和动摇。在时装界，以此为标志进入了高级成衣化时代。随着物质生活水平的提高，人们开始追求更多的自由和注重自我表现与个性张扬。这种生活方式的多样化带来了对服装样式多样化的新要求，流行不再为设计师所左右，而是由消费者自己来创造。每个设计师都必须站出来由消费者来选择，高级时装设计师的生意一度受到严重的威胁。迫使设计师们不得不重新考虑大众的意志，高级成衣业应运而生。成衣生产厂家也由原来的大批量生产，转变为小批量多品种的生产方式。服装的历史发展到了一个崭新的阶段，即生活设计阶段。

目前，这三种不同的服装设计阶段，也同样以各种不同的比例形式存在于不同的国家与地区，形成了不同风格的服装设计艺术，主要表现出以下三种风格。

（1）高级时装的艺术风格。美国心理学家马斯洛在他的需求动机理论中将人的需要按顺序列为七个等级，并且认为要形成高一级的需要必须先适当满足其低一级的需要。这七个等级是：生理的需要、安全的需要、相属关系和爱的需要、自尊的需要、认识的需要、美的需要、自我表现的需要。根据这个观点，服饰的实用性涵盖了第一级和第二级需要的内容，它满足的是人们最初级的基本需求，是服饰存在的依据。而服饰的审美性正是涵盖了第三级至第七级需要的内容，它是在满足身体的服用要求之上的必然追求，是表现心灵（心灵包含了人们的生活观念、生活方式、思维方式，以及自我表现、自我实现等一系列精神内容）的窗口，是人们在社会集团生活中以显示个性和审美趣味，维持社会秩序的重要方式。

服饰是一块特殊的画布，其功能结构完成后，工匠们就以绣嵌等手法将自己的美化想法添加到服饰上去，与服饰的使用功能关系不大，属于实用之外的审美添加。迪奥对于服饰在现代文明中所占有的位置曾做过极具哲学意义的讲解："在这个机械化的时代中，时装是人性、个性与独立性之最后藏匿处之一……如果超越了衣、食、住这些所谓的单纯事实，我们说是奢华的话，那么文明正是一种奢华，而那是我们极力拥护的东西。"高级时装是一种艺术表现形式，就像电影、音乐和美术等艺术形式一样。但它又不等同于传统的艺术形式，而是多种艺术形式和现代工业、工艺技术的结合。高级时装的很多手工艺是人类文化遗产的一部分，它存在的意义不在于所创造的经济价值，而在于它体现了人类对于美的追求和创造力，并把优雅的精神传播到世界各地，影响着成衣的流行趋势。法国每年14个品牌的高级时装秀推出的都是下一季服饰的"概念"，而这些"概念"都会注入下一季的高级成衣当中。高级时装部门是整个服饰设计领域的心脏部门，研究创造新造型、新材料的一系列创造性的工作均在这里展开。

皮尔·卡丹说过："我在高级时装方面赔了不少钱，而我所以要继续搞下去的原因，是因为那是一所创意（IDEA）的大研究所。"

高级时装的设计是带有"创作"痕迹的一种艺术性的设计。"艺术取向的服装设计师"以至善至美的式样、不计工本的精雕细刻体现了服装对于人的情感与魅力的展示。迪奥说过："我之所以喜爱服装设计，只因为那是诗一样般的职业。"正如雕塑家全心全意地雕刻理想的人像一般，服装设计师将人性中最美、最具诱惑力的"奢华主题"予以具体呈现。法国女装工业协调委员会主席阿兰·萨尔法蒂就曾说过："时装和绘画、音乐一样，也是一种艺术。设计大师追求的只是美的效果，属于纯粹的唯美派作风。"

（2）高级成衣的艺术风格：高级成衣设计的艺术含量得到服装学者充分的肯定。成衣设计是一种特殊的艺术，其创作过程是以实用价值美的法则所进行的艺术创造过程。这种实用美的追求是用专业的设计语言来进行的创造。设计产品中对美的追求，决定了设计中必然的艺术含量。虽然高级时装部门被誉为创意的大研究所，研究新造型、新材料的一系列创造性的工作均在这里展开，但由于其价格昂贵，消费者极少，故而高级时装秀上推出的概念只有注入相对价廉、受众广泛的高级成衣中才有流行的可能。

高级成衣既有别于设计师的高级时装作品，又不同于工业化的大众成衣。它相比大众成衣远为精致、严格的工艺使它可以较充分地表现设计师创作理念，而它相对低廉的造价使更多风格的尝试成为可能。高级时装昂贵的造价、极为耗时的手工、每年两场不少于 50 套的发布会，使得自身的存在更像一朵开在高岭上的奇葩，只能被远远地观望，如果一个设计师没有极大的财力作为阶梯，是不可能有机会攀折的。高级成衣虽然在很多方面延续了高级时装的传统，但它毕竟实现了工业化批量生产，降低了时尚圈的门槛，使更多有才华的设计师能够加入。随着各国设计师带着他们鲜活思想的进入，高级成衣的风格日益多样化，与当时艺术风潮的结合愈加紧密，国际化服装品牌前所未有地增多，从而形成了 20 世纪 70—80 年代高级成衣的黄金时代。它不仅令时装艺术得以在工业化时代发扬光大，而且丰富了工业化成衣的人文内涵。现代艺术设计思潮对服装的影响更多地体现在高级成衣上，例如，波普艺术自它在 20 世纪 50 年代诞生起到 21 世纪初的今天，一直在高级成衣上有所体现。

（3）大众成衣的艺术风格：随着世界经济的全球化，尤其 20 世纪后半叶社会生产力极大发展，物质极大丰富，人们的价值观与审美观亦发生极大变化，这种适应现代社会生活方式的成衣时装大行其道，这种批量的时装生产方式成为服装业的主流。社会真正需求的设计是成衣时装，这样的设计师，他们被当时的西方媒体称为"1963 年登场的新族类——成衣的设计者。他们为大众女性设计她们所希望的新服饰，而不再是为特定的妇女设计服装"。

廉价的大众成衣，是普通大众每个人都可以承担且有能力经常购置的，从而使紧随时尚潮流、抛弃过时服装这一可能得以实现，服装设计师的设计只有在大众的支持参与下才能形成最广泛的流行。同样，由于制造的低成本，服装设计公司可以大量制作出不同风格、款式的产品，同时也可以对最新的艺术设计思想、社会事件、文化思潮做出第一时间的反应，迅速推出一轮又一轮新的流行。大众成衣潮流变化迅速的特点决定了它的艺术风格必然是丰富多变、兼收并蓄的，它代表了最广泛的时代风貌和流行文化，无论这些是来自中产阶级、上流社会，还是来自底层街头民众、朋克、嬉皮士、波普、后现代、波希米亚、环保、反战、怀旧……这些主题都会在第一时间里体现在大众成衣的设计风格中。

总之，服装设计总是以它独特的物质性和精神性，反映着它所依存的一定时期的社会历史的某些方面，服装设计的发展也不能超越它的社会基础。

3. 服装设计的研究领域

服装设计是一门集艺术与科学于一体的新学科,它所涉及的范围非常广,如人类学、社会学、经济学、市场学、营销学、材料学、工艺学、宗教学、心理学、构成学、设计学、美术学、美学、哲学等诸多学科。由于服装设计具有这种多学科相互交融的特征,因此,对于它的研究一般可以从以下三个方面来进行。

(1)自然与社会属性的物质功能研究,它包括地域性、季节性、时间性、社会制度、意识形态、传统观念、民族习俗、宗教信仰、生活方式等方面的内容。

(2)个体与群体审美属性的精神功能研究,它包括性格特征、审美情趣、艺术素养、文化程度、生活状态、职业特点、个人嗜好等方面的内容。

(3)服装造型的设计规律与应用研究,它包括人体构造、款式结构、色彩搭配、材料配制、样板设计、工艺排画、加工定型、贩卖销售、信息反馈等方面的内容。

第三节　服装美学及服装设计与艺术的关系

一、服装美学

美学一词源自于希腊语"Aistheis",意思是指美的观感。此种解释或许稍有偏狭,因而,一般可广泛地定义为:美学经由人类观察所得美的形象,具有构成人类社会、文化系统的一部分意义,进一步产生人类美的感受。如通过特定人群所作的美的价值研究,称之为实验美学。而依据使用者的美感爱好,作为服装设计考虑的因素,把美学理论应用于实际的设计过程中,则成为衍生美学。

服装设计除了考虑到美的基础之外,还要考虑到使用者生理及心理需求的过程。事实证明,在此过程中,设计师主要通过创造产品的美学机能及使用机能来满足使用者心理上的需求。因此,美学对于服装设计具有不可忽视的重要意义。

1. 美学传达

如图 1-2 所示的关系,是美学传达的一种过程。服装设计师通过发布流行信息,以服装产品的形式发出信号,这一方向的传达作用被称为美学滋生或设计过程。而购买该服装的消费者,则是这一信息的接收人。这一步骤的传达作用,可称为美学消费或者使用过程。而通过对使用者美的爱好,包括外形、色彩、质料、风格作实验性的调查,又可提供给设计师,作为新产品设计开发的参考。

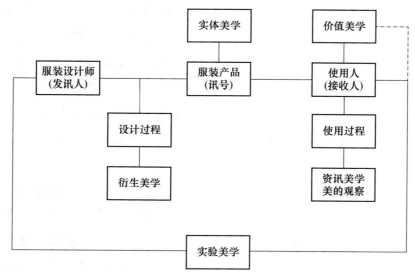

图 1-2 美的传达方式与过程

2. 服装的整体美

服装的整体美是指穿着者与衣服配合之下而产生的美感。整体美,具体包括的内容如下。

（1）内在美：指个人气质涵养的表现。

（2）个性美：指个人性格的倾向。

（3）流行美：指外界爱好的倾向。

（4）外在美：又包括 ① 姿态美：指身体与衣服配合所产生的美。② 构成美：指形体与服装裁剪所构成的线条美。③ 质料美：指质料与布纹的美。④ 色彩美：指色彩与配色的美。⑤ 技巧美：指制作技术的美。⑥ 装饰美：指佩戴附属物时所衬托的美。⑦ 化妆美：指着装者化妆的美。

二、服装设计与艺术的关系

1. 服装设计与艺术

平常所看到或听到的艺术，实质上分为两大类：一类为纯艺术，如音乐、电影、戏剧、舞蹈、美术、文学等。它们都是为上层建筑意识形态服务的，即通过这样一些艺术形式来宣传国家的政策、法规、路线、方针等，以达到教育人、引导人的目的。另一类为实用艺术，如产品设计、工艺美术设计、广告设计、环境艺术设计等，它是为提高人类物质生活水平服务的。其特征首先是强调设计的实用性，然后再注重设计的艺术性，服装设计就从属于实用艺术的范畴。

以上两类艺术，无论是纯艺术还是实用艺术，它们的属性有很大一部分是相同的，因为艺术是没有界限的。服装设计艺术作为一门独立的艺术形式，同样会受到整个艺术链的影响，各种不同的艺术思潮或多或少都能从它的艺术表现形式中体现出来。例如，蒙德里安的抽象艺术、波普艺术都曾被伊夫·圣罗朗用于自己的时装设计作品中，软雕塑艺术也曾是日本著名服装设计师三宅一生非常热衷于表现的时装设计主题等。

服装设计跟其他艺术形式一样，是以追求美为目标的。设计师的任务，就是创造美观的服装款式，而不是以刺激、庸俗、不悦目的设计来当作创作的对象。那样，设计师就不会感受到创作的乐趣。就像爱美的艺术家，不情愿去做违背美的意志的工作一样。

服装设计是以布做素材，以人体为对象来进行创作的。从虚无的形象出发，设计师把浮现在内心的意念，孕育出计划，然后借助材料使其形象化。这种无中生有的创作过程，实质上与其他门类艺术家的创作过程是如出一辙的。设计师有时由于对纯艺术美的冲动，而引起美妙的构思，创造出具体化的时装作品；有时是摆脱了着装者的枷锁、放任想象的翅膀、自由地发挥，而创作出美的服装作品；也有时，是因为遇到一位美丽的姑娘或者见到一块漂亮的特殊材料，被其吸引激起了艺术创作的欲望，设计出了优秀的时装作品等。可见，服装设计师就是一个不折不扣的艺术家。

从空间的角度来看，服装是一种立体的艺术；从时间角度来看，服装又是一种活动的艺术。它是用线条、色彩编织出来的交响乐、芭蕾舞。可以说，服装是综合了一切的艺术。自 20 世纪以来，像卜瓦乐、夏耐尔、史卡芭莱莉、迪奥尔等著名的国际时装设计大师、都被公认为是最具有生活魅力的艺术家。当然，把服装只看作是一件艺术品也是不完整的。服装设计如果忽略了实用性的机能美、生活美的存在，也是难以立足的。迪奥尔曾说过："设计师不只是推敲构思就行了，而是要像导演一样，站在艺术创作的中心，包括使缝制者遵照自己的心意去做。"

2. 服装设计与其他实用艺术设计的关系

在前面讲了三大设计体系和工艺设计的特征。那么，服装设计与它们之间有着什么样的关系呢？是完全不同？还是有一定的内在联系？下面就让我们来分析一下。

（1）服装设计与空间环境设计的关系。人类既是构成自然环境的基本因素之一，又是构成社会环境的根本因素。服装作为人类生活和工作于这两大环境之中所必需的物质装备，伴随着人们存在于其中，组成了一道又一道亮丽的风景线，成为构成这两大环境的重要因素之一。环境设计是围绕着人类的生活空间所展开的，而服装设计则是直接把人作为了创作的对象，两者之间具有一种表与里的内在关联性。例如，相同的环境，不同的着装，会给人不同的感受。而相同的着装，不同的环境，同样也会造成人们不同的感受。因此，服装设计与空间环境设计是密不可分的互为相关，互为影响的连带组合关系。即可以把环境设计看成是服装设计的外延扩大。房间的造型与色彩安排，可以根据房间主人平时所喜爱穿着的服装的造型特点和色彩搭配的情况来进行设计，也可以把服装设计看成是环境设计外延的缩小。把周围环境的特点提炼出来，用于服装设计的造型上等。所以说，在进行服装设计时，要考虑环境的因素。而在进行环境设计时，同样也要把人的着装因素考虑在内。服装设计即是空间环境设计的一个重要组成部分。

（2）服装设计与视觉传达设计的关系。从视觉传达设计的特征来看，服装本身也是一种传播媒介。就个人而言，在现代社会中人类着装一个很重要的目的，就是借助服装来展示自己的个性、爱好、社会地位、学识、修养、气质等，达到表现自我，宣传自己的作用，以满足精神上的需要。而从社会的角度来讲，不同的行业、团体穿上统一的服装。可以利用服装的媒介作用，达到突出其不同行业的形象特征，显示其不俗实力，增加企业职工的归属感，提高企业凝聚力，树立良好的社会形象等方面的目的。从而形成广而告之的局面，使之产生良好的社会效应。另外，服装作为一种传播媒介还可以成为企业促进产品销售的重要手段。例如，现代许多大的服装公司都在利用服装表演的展示传达方式，向顾客与客户介绍自己的企业、产品，以达到宣传企业，推销产品，增加订单的目的。因此，可以说服装设计本身就是一种视觉传达设计。

（3）服装设计与产品设计的关系。服装只是人类生活当中所需产品的一类，因此，服装设计也就成为众多产品设计中的一个组成部分。所以，产品设计的一切属性都应体现在服装设计中。例如，先实用，后美观的原则，也是服装设计所必须遵守的。所以服装设计，即是产品设计。

（4）服装设计与工艺设计的关系。服装设计是服装工艺设计的前提，服装工艺设计对服装设计有补充和完善的功能作用。任何一款服装设计，最终都必须借助工艺的制作来完成，否则，最佳的服装设计也只是空中楼阁。因此，服装工艺设计是保证服装设计能否顺利实现的根本所在，它们二者之间的关系是密不可分的互为一体的关系。

综上所述，服装设计是集各类艺术设计于一身的综合体，即一门新的综合艺术。因此，这就要求作为服装设计人员，必须具备科学的观念和艺术的修养。

第四节　服装设计师应具备的知识素养

服装设计是一门以理论为指导的实践科学，要成为一名合格的服装设计人员，就必须具备以下的知识素养。

一、优良的美感

具备优良的审美能力是服装设计师最基本的素质条件，特别是对形体的美感、色彩的美感，材料的美感的认识尤为重要，因为款型、色彩、材料是构成服装的三大要素。

二、掌握穿着知识

掌握穿着知识是服装设计的前提。因为设计服装时，无论在什么情况下，总是要以穿着对象为先决条件的。尤其在工业化成衣大量生产的今天，更需要先将穿着者的类型加以定位，然后再设计生产出适合这一类型的服装。如所谓的休闲装、少女装、孕妇装、淑女装、童装等，都是依据这样的原则来划分类别与生产风格的。另外，每一种风格的衣服，尚有年龄、职业等不同的区别。因而，对于服装设计师来讲，这些都是不容忽视的问题，必须要对穿着的知识有足够的认识。包括研究和掌握"三穿"知识，即谁来穿、能不能穿、敢不敢穿。

（1）谁来穿：指穿着者的年龄、身份、地位。

（2）能不能穿：指穿着者的体型、肤色、场合、环境。

（3）敢不敢穿：指穿着者的思想、个性、倾向、背景。

三、掌握人体知识

人体是服装设计的对象，对人体知识掌握的熟知程度直接决定了设计师所设计的服装能否满足人体机能的需求，它是影响服装设计成败的关键因素之一。对人体知识的认识主要包括以下三个部分。

（1）对人体构造的认识。

（2）对人体比例的认识。

（3）对人体个性与穿着分析的认识。

四、掌握衣服知识

衣服是设计的内容和结果，是形体、色彩、衣料三者的综合体。因此，要成为服装设计师，就必须学习和掌握有关衣服的知识内容。具体包括以下三个部分。

（1）对衣服色彩的认识与掌握（色彩学与配色学）。

（2）对衣服材料的认识与掌握（纺织材料学）。

（3）对衣服造型的认识和掌握（结构、裁剪、缝制技巧）。

五、掌握服装史

服装史是人类衣生活发展演变的记录，也是一定地域、社会集团的风俗史，是人类生活史中的一个重要组成部分。掌握和了解服装的历史对于服装设计师来讲具有以下三种功用。

（1）理解今日服装形成的原因。

（2）从中得到设计灵感的启示。

（3）帮助分析和掌握今后服装流行的趋势。

六、精通服装设计图

服装设计图是服装设计师的语言，是服装生产企业产品生产的依据。作为一名成功的服装设计师能够准确地把自己的意念表达出来，具有熟练的服装款式表现技巧，是最重要的，而且也是必须具备的技能之一。

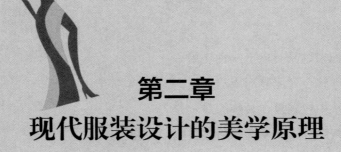

第二章
现代服装设计的美学原理

现代服装设计整体美感的产生，离不开它具体的构成要素和美的形式法则，掌握这些美学原理是保障顺利完成服装设计工作的基础。

第一节　点、线、面的造型方法

点、线、面是构成服装形态的基本要素，这些构成要素在服装造型上既可以表现为不可视的抽象形态，也可以表现为可视的具体形态。它们是服装造型设计的组织依据。

一、关于点

点是游荡在空间没有长短、宽度和深度的零次元非物质存在形式，是具有最小极限性格的虚的世界的东西。虽然它有位置，但没有大小。产生于线的界限、端点和交叉点上，是最小的基本形态。为了表示点，把它在版面上具象化以后，它就变为可视形态，可以直观地感受到它的存在。

点的大小是相对的，没有统一的规则，完全视其所处的环境。在造型艺术中，一个点可以集中人的视线，两个点可以表示距离、方向，三个点就可以引导人的视线产生游动。当点等距离排列时会给人一种秩序感、系列感，而如果把点一个比一个大或者一个比一个远地进行排列时，又会使人产生一种节奏感和韵律感。因此，不同的点、不同的形式，不同组合的排列，都会使人获得不同的视觉感受。

在服装款式设计中，点一般有以下两种应用形式。

1. 作为求心形态出现在服装上

这种造型方法是服装款式设计中强调和点缀的主要表现形式。其作用可使服装的某一部分特别突出醒目或使整款服装在造型上达到上下呼应，左右平衡的视觉效果。从而实现组合美化服装的目的。最常用的表现形式是首饰和纽扣。

（1）首饰：首饰在服装设计中，是经常作为点缀形式出现的。如簪花、耳环、项链、胸针等。当一款服装在造型设计上出现不平衡或需要呼应时，就可以发挥首饰的作用，对服装进行添补和修正，使之产生视觉上的平衡感达到美化的目的。例如，当一位女士身着一件华美的晚礼服时，就需要佩戴无论在色彩还是在造型等方面都要与衣服相适应的首饰。否则，就会给人一种不完整的缺憾感。

（2）纽扣：纽扣在服装造型上的运用是非常讲究的，使用得好，往往能够起到"画龙点睛"的作用。例如，当在一件衣服上只设计一枚与衣服在材质和色彩上处于对比状态的纽扣时，它就会形成一种求心形态。成为此款衣服设计的视点中心，起到强调和突出此部位的作用。而当在一套服装上，设计组合排列三枚或四枚与衣服同质的扣子时，它就会形成一种视觉上的节奏感，起到活跃整套服装的作用。

如上所述，无论是纽扣还是首饰，作为点的应用处理，有着各种各样的方法。如果说能在平时的设计训练中加以不同的练习与研讨，相信对今后的设计工作一定能够起到事半功倍的作用。

2. 作为衔接点出现在服装的造型上

在服装款式的设计过程中，通常采用的方法就是在服装的轮廓线上设点。如在服装的肩部、腰部、下摆及裙摆等处。衔接这些点，就可以对服装的廓型进行具体的分割。当去除多余部分，再经过局部的调整和充实，就成为完整的服装款式外形了。另外，在服装款式的内部结构设计中，同样也可以采用这种设点的方法来进行。如安排衣领的大小、口袋的高低、门襟的长短等。

当然，在这些点的设置过程中，也要考虑到它的机能性与实效性，应尽量地做到，简洁、醒目、科学、合理，使之衔接起来，方便、快捷、突出提高款式设计的成功率。

二、关于线

线是点的移动轨迹，它存在于面的界线，面的交叉处和面的切口处。是没有面积，没有长度、深度和宽度的一次元存在形式。当把线作为可视形态时，其宽度一定要短于长度。与点相同，线的粗细、长短也是相对的，完全依其所处的环境而定。服装设计就是通过线条的组合而完成的，线条应用得是否恰当、合理，决定了设计的成败。在服装款式的造型中，常用的线型共有五种。即垂直线、水平线、斜线、曲线和断续线。

1. 垂直线

垂直线是一种非常单纯的直线，它能够诱导人的视线沿其所指的方向上下游动，是具体体现修长感的服装造型的最佳线型。视其所用的方法，会给人以苗条、显得细长，冷、硬、清晰、单纯、轻快、强劲、理性等不同的感觉。在服装造型上，常表现为：屏形开口线、搭门线、剪接成垂直状的裙子接片、口袋线、垂直的裙褶线等。

2. 水平线

水平线是一种呈横向运动的线型，给人以硬、强、宽、安定、重、冷、沉着、理性的感觉，在服装造型中多用于横向的结构分割。如育克线、复司线、横剪接线，上衣和裙子的底摆线、方形颈围线、腰节线、口袋线、横条纹线等，是男装上的常用线。

3. 斜线

斜线是一种能够引起人的心理产生不安和复杂变化的线型。常给人以活泼、混淆、不稳定，轻、显得较长的感觉。在服装造型中，一般表现为：勒佩尔线、V字形颈围线、倾斜的开口线、倾斜的剪接线、倾斜的普力姿褶，裙摆展开的肋线以及波褶线等，多用于裙装。

4. 曲线

曲线是一种极具韵味的线型。能使人产生温和、女性化、优美、温暖、柔弱、苗条、立体的感受。在服装设计中，多用于女装的造型。常以颈围线、臂孔线、剪接线、圆帽线、曲线状口袋等方式出现。

5. 断续线

断续线是一种特殊的造型线，与直线相比显得更加柔软、温和，给人以含蓄、跳跃、活泼的不同感受。在服装的造型中，常表现于纽扣的排列、手缝修饰和人工刺绣等方面，多用于童装和女装上。

从以上所谈到的这五种线型可以看出，单纯的一条线即能引起人们的心理变化。而款式设计工作，则是凭借不同线型的交叉组合来完成的。因此，掌握上述五种线型在不同的组合情况下，会产生什么样的变化，引起人们什么样的心理反应，是必须在设计的实践过程中要予以认真练习的课题。

线型的不同组合练习包括以下几个方面。

（1）垂直线与水平线的组合练习。

（2）直线与曲线的组合练习。

（3）斜线的交叉练习。

（4）斜线与曲线的组合练习。

（5）直线与断续线的组合练习。

（6）曲线与断续线组合练习。

（7）五种线型的混合组织练习。

除了上述线的组合以外，线与线相交所形成的角度问题，也是在设计过程中应予以考虑的问题。角的种类共有三种形式：即锐角、钝角、直角。

（1）锐角：指两线相交所形成的小于90°的夹角。其特征是角度越小，越有锐利和速度的感觉，并且使线条强有力地集中，产生律动感。锐角用在设计上常表现为：领口、开口、裙子的褶皱，以及剪接线等，是时尚性服装常用的造型形式。

（2）钝角：当角度逐渐展开，越过直角时，就成为钝角。钝角给人一种平静、安定的感觉。常用于男装、中老年装，以及生活装的设计上。

（3）直角：即指90°的角，是各类夹角中较为特殊的一个。直角象征安定、屹立、固执、坚硬、沉着、结实和重量感，是服装款式设计中常用的一种造型方式。如领口、口袋、夹克等。

三、关于面

面是线的移动轨迹，是立体的界限，是有边的上下左右有一定广度的二次元空间。如把一个方形切开，就会产生新的面。而当许多线集中于一点，其密度增大到一定数量时也会产生面。面在视野上是通过线围起来的，被围起的部分叫作领域。即领域存在着轮廓线。如果用线围起来的部分被别的轮廓线所侵占，就产生了新的领域，这两个领域之间就会形成不同的内容。从空间角度来讲，服装就是由多个不同的平面相互连接而成的。

在服装设计中面的运用基本包括两种形式，即平面与曲面。

1. 平面

平面是由直线的运动而产生的，一般分为规整平面和不规整平面，它们是构成服装款式的基本形态之一。在规整的平面中，既包括方形、三角形和圆形，也包括由各种有规律的几何曲线所构成的平面。规整平面，虽然外观整齐、规范，但不同的平面仍然会给人留下各种不同的印象。方形可以使人产生稳定、沉着和有序的感觉，三角形视其三个角的不同变化，而给人以不同的感受。既有锐利感和不安定感，也有稳定感和广阔感。而圆形（含椭圆形）则会使人产生光明、丰满、温暖的感觉。另外，由几何曲线构成的平面所形成的韵律感，还能创造出一种柔美的视觉效果。

以上所述各种不同平面在服装造型上均有着不同程度的体现。服装设计师正是合理地应用了这些不同平面的特点，并巧妙地把它们结合起来，而创造出许许多多风格迥异，千变万化的新式样。

在不规整平面中，既有以直线组合而成的平面，也有以曲线组合而成的平面。直线平面的特征：明快、外露、节奏感强。曲线平面的特征：含蓄、自由、意味十足。在服装的款式设计中，这种不规整的平面常常被作为装饰的手段而被加以运用。它同样也起着丰富内容，突出主体的作用。

2. 曲面

曲面是通过曲线的运动而产生的，一般分为规整曲面和不规整曲面两种。

规整曲面有柱面、球面、锥面等。不规整曲面指的是各类自由形的曲面，它们也是构成服装款式的基本形态之一。

人体的外部形态是由各种不同的曲面所组成的,而服装又是以人体为对象来进行创作的。因此,服装的造型理应是由各种不同的曲面所组成的。换句话来讲,服装就是由各种不同的平面材料,通过工艺的加工处理,使之曲面化,然后穿着在人体上形成立体造型的。

综上所述,服装的造型是立体的,而这种立体的现象又是通过各种不同的点、线分割各种形面,然后经过加工缝合而产生的。因此,服装设计离不开这些因素,而且对于上述这些因素的特征、属性,以及组合变化的方法,掌握和运用得是否熟练,也是衡量一个服装设计师水平高低的标准之一。

第二节　服装形式美的构成法则

服装是人类重要的审美对象之一。在长期的生活实践中,人们通过不断的创造新的服装式样,逐步发现了一些与其他艺术门类相通的形式法则,即形式美的法则。这些法则对于提高设计水平,规范设计思路具有极高的指导意义。它们是比例、平衡、韵律、强调、调和与统一。

一、比例

比例乃是相互关系的定则,用以比较物与物之间面积的大小、线条的长短、数量的多少,以及程度深浅的关系。

关于比例的研究共有两种形式:即自然性的科学研究和传达视觉美感的艺术研究。其研究的方式有三种,(1)百分比法(自然性科学研究);(2)黄金比例法(艺术类研究);(3)基准法(应用人体研究)。对于服装设计来讲,所应用与研究的比例关系是从属于传达视觉美感的艺术研究。

众所周知,人类对于比例的认识,历史非常久远。在古希腊时期,人们就能依据比例的法则来建筑各种各样的神殿。如举世瞩目的巴特农神庙就是典型的实例。古希腊人创立的黄金分割率（1∶1.618）至今仍然被人们推崇为是最美的比例。例如，被人们公认为是古希腊女神雕像中最完美的维纳斯就是完全按照这个比例关系创作出来的。维纳斯总身高为 8 个头长，头占总身高的 1/8。从头顶到腰间为 3 个头长；从腰间到膝关节为 3 个头长；而从膝关节到足底为 2 个头长；如果以腰节线为基准线，上身与下身成为 3/8 比 5/8，等于 3∶5，正好符合黄金比例。

黄金分割法中最简单的是直线分割。画任何一条垂直线或水平线。将其 8 等分，取其 3/8 与 5/8 而分配即是黄金分割。

黄金分割应用于服装设计中，同样也能取得非常好的视觉效果。例如，以一件连衣裙背长 40 cm 为上衣的基准线，而求其符合黄金分割的裙子的长度。计算方法如下。

设定上衣的尺寸（40 cm）为 1，按照黄金比例，裙子的长度为上衣长度的 1.618 倍。即 40×1.618≈64.7（cm），裙子的长度就等于 64.7 cm，而整件连衣裙的黄金分割即为 40∶64.7，是一件完美的比例造型。一般来讲，一套服装上的袖子、领子等也都可以按照此种方法来进行成比例的设计安排。

当然，相对于整个服装设计而言，仅以黄金比例的分割方法来进行设计是远远不够的，而且也是机械的。因为，服装的比例是由人体、衣服、饰品等多方面因素所构成的。所以，对于服装设计来讲，其比例关系主要还是体现在以下三个方面。

1. 服装各局部造型与整体造型的比例关系

在服装的款式造型中，只有当构成整款服装造型的各局部均能够按相应的秩序在面积的大小，线形的长短等方面做到比例安排恰当时，才能创造出一个令人赏心悦目的款式造型来。这里面包括：腰节线位置的高低；领形与衣身的大小；剪接线的位置与长短；上衣长与下装长的关系；纽扣的大小、数量的多少等。

2. 服装造型与人体的比例关系

当人体着装后所形成的比例关系是整体造型感觉最直观的，如果不能妥当地安排好其比例的配置，势必将影响整款服装最后的造型效果。这种比例关系主要体现在以下三个方面。

（1）各类上衣与身长的关系。

（2）上衣、裙子与人体的关系。

（3）服装的围度与人体的关系。

以服装的围度与人体的关系为例，如果一个体形瘦小的人穿上一件非常宽大的衣服，就会产生一种喜剧的效果，而不由得使人联想起马戏团里的小丑。这种比例的配制如果是为了表演特定的人物，可算得上一件好的作品，但如果在现实生活中，它可能就是一件失败的作品。

3. 服饰配件与人体的比例关系

服饰配件与人体的比例关系在服装设计中也是一个不容忽视的要素，如果处理不好同样也会影响整个服装造型。它包括各类首饰、帽子、皮包、鞋、靴等结构的大小与人体高矮胖瘦的比例关系。例如，一般意义上讲，身体高大魁梧的人理应佩戴大的、风格相对粗犷的饰品，而身体娇小的人则应佩戴小的、风格相对精细的饰品等。

另外，服装的外形是随着时代的变化而变化的，比例也应视当时的潮流而定，有时人们可能喜欢在服装款式上选择那些近似于黄金比的配制。如3∶4、2∶2、2∶5等；也有时人们可能会选择那些远离黄金比的配制，如1∶10、1∶7、2∶8等。所以，作为一名服装设计师更需要具备对比例的敏锐直觉。

二、平衡

所谓平衡，乃是源于天平两端的重量相等，秤杆才能保持水平状态的现象，即指均衡的意思。在服装造型的构成中有了平衡，才能使人有一种沉着、安定、平稳的感觉。平衡有两种，一是对称平衡，二是不对称平衡。

1. 对称平衡

左右完全平衡者，称为对称平衡。意思是指，只要顺着想象的中心线折过来，对称的双方就会完全吻合。这种构成形式，无论是在传统造型艺术中，还是现代造型艺术中，都被广泛地运用着。诸如建筑、家具、陶瓷等。天安门城楼的建筑造型，就是沿正中线左右完全对称的典型代表。在服装造型中，对称平衡的服装显得端庄、爽直，最适合应用于正式的礼仪性活动场所或工作时穿用。如晚礼服、婚纱礼服、中山装、猎装等。但这种平衡在设计时如处理不好，会容易让人产生一种单调、平凡、缺少变化的感觉。

2. 不对称平衡

左右不对称、但通过调整力与轴的距离，而使人感觉到有一种内在的平衡，叫作不对称平衡。不对称平衡的设计是现代造型艺术中常用的一种形式手法。在服装款式上，常被用于一些时尚设计中，如前开口交叉的颈围线，衣侧的瑞卜褶、侧分割的结构线，以及烘托容貌的侧面帽等。这种方法，虽然在具体的设计中不易掌握，但如果处理得当，线型却会更加富于变化，显得柔和优雅，非常适合活泼、华丽气氛的服装造型。

三、韵律

所谓韵律，在造型设计上被称为节奏或律动。它的特点就是把一个视觉单位，让其有规则地反复出现，使之产生出一种视觉上的连续感，这种连续感所形成的律动，就被称为韵律。在服装设计中韵律的表现形式共有四种，它包括反复韵律、阶层韵律、流线韵律和放射韵律。

1. 反复韵律

反复韵律共有以下几种类型。

（1）有规则的反复韵律：以同一形体的重复而产生的韵律。

（2）无规则的反复韵律：以不同的形体重复而产生的韵律。

（3）曲线的反复韵律：以曲线的反复来表现出的韵律。

（4）直线的反复韵律：以直线的反复来表现出的韵律。

（5）色彩反复韵律：以色彩的反复来表现出的韵律。

（6）形的反复韵律：以形的反复来表现出的韵律。

2. 阶层韵律

阶层韵律共有两种类型。

（1）阶层渐增韵律：以阶层由小逐渐扩大来表现出的韵律。

（2）阶层渐减韵律：以阶层由大逐渐缩小来表现出的韵律。如衣服下摆的花形，下面的最大，逐渐向上而缩小。

3. 流线韵律

流线韵律仅一种类型，即以流线来表现的韵律。如新娘头上戴的婚纱所形成的韵律。

4. 放射韵律

放射韵律也仅有一种类型，即以放射线来表现的韵律。如由领口或腰部做拉细褶处理而产生的韵律。

四、强调

所谓强调，乃是加强特殊力量，着重于服装的某一部分，使其特别突出醒目的意思。

强调优点，隐藏缺点是人们穿衣的目的之一。缺乏强调的服装会使人感到平淡无味，但强调过度则易使服装流于庸俗。因此，强调的适量是服装设计中应主要掌握的知识。一般来讲,在一件衣服上强调的点不宜过多,以一处或两处为宜,多了就失去了强调的意义。俗语讲:"多中心则无中心"。

1. 强调的部位

强调的部位在服装造型中,一般以人的三围线为主,即胸、腰、臀三围。另外还包括头、颈、背等部位。

(1)强调头部:可以将人的视线上引,使着装者显得高贵、向上。

(2)强调颈部:可使人显得秀美、优雅、亲切。

(3)强调肩部:可使人有一种庄重、威严、安全的感觉。

(4)强调胸部:可使人显得妩媚、娇柔、温暖。

(5)强调臀部:可使人充分展示人体的曲线美。

(6)强调背部:可使人充分展示人体的肤色美。

2. 强调的方法

在服装设计中,设计师常利用线条、色彩、材料、剪接线、装饰线、纽扣、花边、装饰品等作为强调的手段来对服装进行强调。

(1)利用线条强调:应用各种褶子的车缉线,在剪接线上车压线或装饰线,使平淡的布料因这些装饰线而显得生动,显示出线条的美感。

(2)利用色彩强调:利用颜色的色相、明暗、深浅的对照排列来强调。

(3)利用材料强调:利用材料不同的质地进行强调。例如,丝绸面料的晚装设计,用羽毛在胸部进行装饰、强调,就显得别致、典雅而富有情趣。

(4)利用剪接线强调:利用新颖的剪接线或者是部分空间的暴露,而制造出潇洒的设计,可使服装有一种新颖时尚的美感。

(5)利用附属品强调:如纽扣、拉链、花边、镶边、腰带、领带、帽子、手套、鞋、围巾等，都可以作为强调的手段来加以利用。

（6）利用装饰品强调：如别针、造花、耳环等首饰，以及眼镜、羽毛、扇子、手提包等也都可以作为强调的手段，在设计中加以运用。

3. 强调与比例的关系

在服装设计中，强调的比例安排应根据强调的部位和强调所采用的手段来进行合理的布置。

（1）色彩强调的比例关系：用色彩强调，强调的颜色比例应占用小的面积，而弱的颜色比例应占用大的面积，这样才能主次鲜明，真正起到强调的作用。

（2）材料强调的比例关系：用材料强调，强调的材料比例同样也要占小的面积，这样才能在与大面积材料对比的过程中，形成一种突出、醒目的现象，从而达到强调的目的。

（3）装饰品强调的比例关系：装饰品的大小应与人的形体成正比，在强调比例安排时，体形高大者宜佩戴大的装饰品，反之，就应佩戴小巧玲珑的装饰品。

五、调和与统一

调和与统一可以说是一个内容的表与里，两者意义十分近似。当一个事物的内部构成因素都相互调和时，那么，这个事物的外在特征一定是统一的。调和与统一是设计的基础，也是美的根本所在。凡是优秀的设计作品无不是统一和谐的，看起来令人赏心悦目的。

在服装设计方面，调和含有愉快、舒畅的意思；统一含有完整的、完成的、整体的意思。调和的方法共分三种。

1. 相似调和（类似调和）

指相互类似的物体组合在一起，所取得的调和。这是一种容易取得调和的设计方法，但是如果处理不当，也会出现缺乏变化，显得过于平淡的现象。

2. 相异调和（对比调和）

指相异的物体组合在一起所取得的调和。这是一种不易取得调和的设计方法，但是如果处理得好，就会形成新鲜、富于变化的调和现象；而如果处理不好，则容易给人刺激，令人生厌。

3. 标准调和

以上两种调和均有其优势，因此标准调和就是取二者之长，既在类似中制造对比的要素，又在对比中以类似求其安定和谐。有了安定和谐才能产生一致的效果，有了一致的效果，才能有统一的效果表现。

第三节 视错现象及利用

一、视错现象

视错觉应被理解为人对物体的一种直接的视觉印象，而这种视觉与人的其他感觉形式和人对物体总的认识是不相符合的。

视错觉本身并不具备美学意义，它只是能够强化其他的审美因素，也就是说，它只会起到辅助的作用。产生错视现象出自不同的缘故，一般可分为三种类型。

（1）物理原因：它是由于光的反射或折射所引起的。例如，看到插入水杯中的匙子有折断的感觉。

（2）生理原因：它取决于人的眼睛的构造。例如，在视域范围内，视觉对不同点的敏感程度是不同的。距离近的感到清晰，而距离远的就感到模糊。

（3）心理原因：它包含对物体的完整认识，注意力的方向性和受到以往经验的影响等。例如，由于人们长时期地对于某一事物已经形成了习惯性的认识，明知是不对的，但从心理上不愿意对其进行重新的认识。再例如，当人们看到蛇或者老鼠时，大都会产生一种厌恶的心理感觉。

二、视错在服装上的应用

在服装设计中与服装有直接关系的视错觉，主要来自于人们的生理原因和心理原因两个方面。它们涉及色彩、线向、角度、尺度、形状、面积及距离估计失误等方面。具体应用包括以下几个部分。

1. 分割的视错

是指利用给服装款式增添条纹或者配上分割线后，而得到的一种特殊的视错觉。这种视错觉在设计中是可以灵活运用的，完全视所要达到的目的来设置分割线条的多少。可以看出，同样的服装廓型，在进行不同的分割后，所形成的视觉效果完全不一样。

当服装款式被分割成许多部分时，它那分割的性质、分割得来的体积，以及它们的相互关系，都是非常重要的。分割可以是均等分割，也可以是不均等分割。在第一种情况中，平稳渐变的过渡可形成一种高度感；而在第二种情况中，形体看起来就显得矮短。

2. 角度与方向的错视

它是通过线的位置、角度或交叉的变化而引起的服装造型上的视错觉。线条本身具有一种方向性的视觉诱导作用，当线与线相交时又会形成不同的角度。服装款式的设计是通过线条的组织来完成的，线条应用得是否合理，影响着一件衣服设计的成败。因而，如果能在设计中巧妙地运用方向与角度所引起的视错现象，相信一定会给设计工作带来意想不到的效果。

例如，服装的各种省缝，衣片的斜角缝合，领子和衣袋的尖形装饰上，都会出现把尖角估计偏大的错觉。出现这种角度视错的原因在于锐角的两边之间的较小距离往往被估计得过高，显得比它的实际情况更大；而钝角两边之间较大的距离，却往往又被估计不足。这样，便在角边的方向上产生了变化。锐角的角度变大，钝角的角度变小。在实际服装设计当中，可以巧妙地运用方向与角度所引起的视错现象，诸如衣缝线、小饰件、腰带和打褶等能产生垂直线型的装饰方法，使之起到诱导人的视线向下运动的作用，从而形成一种整体外观视觉上的平衡感。

3. 对比与同化的视错

即相比较物的双方根据其作用于人们心理的程度，而各自朝着相反方向得到强化的错觉。

相对比的两个物体，距离越近，它们的差异就越明显，如小物件靠近大物体时就显得更小；在角顶旁边的圆形，比远离角顶的相同圆形看起来要大。

同样在服装设计中，相同的脸型，佩戴上帽饰就会使脸形显得小，而将头发束起来，脸型就会显得大。

同化视错觉一般出现在我们推出重复的、略带夸张的相同图形时，这个图形的特征就会看得更加清楚。例如，胖体型的人穿上宽松衣服，就会显得越发臃肿。而体型瘦小的人穿上紧身的衣服，就会显得更加瘦小。在服装设计中，视着装者的特点和需要，可以通过衣服的内部结构线和外延轮廓线来减弱或加强同化对比的作用，以达到最佳的设计效果。

4. 上部过大的视错

它是由于人们先入为主的心理而产生的视错觉。当人们由上向下观察事物时，总是在同样形态的情况下，产生上大下小的视错现象。如 8 与 S 在书写时上面的部分要小一些，这样观察起来才会感到平衡、舒适。

在服装设计中，女套装的上衣腰线位置，如果以 1：1 均等分割的话，看上去就有一种上长下短的错觉。既显得呆板又不精神，比例失调。而如果按照 1：3 或 1：4 的比例来进行分割的话，就会形成一种非常美的比例结构。这种视错现象，特别是在为身材瘦小或者上身较长而下身较短的人进行服装设计时，一定要谨慎。要尽可能地拉大上短下长的衣服比例结构，从视觉上予以合理地调整弥补。否则，可能会产生戏剧般的效果。

综上所述，视错觉在服装设计中也是一种行之有效的造型手段。特别是在弥补人体缺陷方面，更能发挥其独有的特性。如果能够充分地认识这些特性，并在实践过程中加以合理而巧妙的运用，相信对提高设计水平会有极大的帮助。

第三章
服装设计程序

　　服装设计程序，是指服装设计的组织款式者、实施者，借助物质材料来实现服装创作意图的整个过程。虽然，这个过程从表面来看，仅仅是反映了服装设计的具体创作步骤，但实质上它所涉及的内容，却并不像它的表面那样单纯、简单。除了要对服装造型本身的构成因素、形式美原理等方面做细致的构思和谋划之外，还要对其他的相关因素，进行广泛而深入的研究。如怎样进行产品的设计定位；集团性设计的意义、程序；个人在设计创意时应思考的问题；能激发创作灵感的取材来源和预测服装流行趋势的情报资料等。能否正确地理解，科学地认识和熟练地运用这些知识内容，对于初学者来讲，是至关重要的，同时也是开始进行服装设计的第一步。

第一节　服装设计的方法和规律

　　服装设计与其他造型艺术一样，受到社会经济、文化艺术、科学技术的制约和影响，在不同的历史时期内有着不同的精神风貌、客观的审美标准，以及服装设计鲜明的时代特色。就服装设计的本质而言，它是选用一定的材料，依照预想的造型结构，通过特定的工艺制作手段来完成的艺术与技术相结合的创造性活动。由于服装的造型风格、造型结构及造型素材的差异，服装又可分为适合不同消费群体或个人的若干种类。随着人们的社会分工、审美需求的不断深化，服装的造型服用功能越来越规范化和科学化，因此，掌握服装的设计方法和规律也就越来越必要。本节所论述的内容正是围绕着这些相关问题而展开的。

服装设计是一门综合性的、多元化的应用性学科，也是文化艺术与科学技术的统一体。因此，要求设计师不但要具备良好的艺术修养和活跃的设计思维，而且需要掌握严谨的运作方法。服装业是一个充满矛盾的行业，创新与传统、束缚与机遇并肩共存。探究服装在人类历史中的各种表现，追寻现代服装业发展的轨迹，或者了解欧洲人如何做设计、美国人如何做市场、日本人如何在对外学习中传承本民族文化，最重要的目的无非是启发创新意识，正所谓：学而不思则罔，思而不学则殆。汲取的经验和理论只有通过创造式的发挥，才能为我们的设计开辟新局面、铸就新优势。

奥斯卡·威尔德曾经说过："时装如此丑陋不堪，我们不得不每六个月就更换。"但是正是这种不断演化，对旧潮流的不断改造和创新，才使得服装业令人如此激动和富有魅力。现在，由于生活水平的提高和生活节奏的加快，服装的流行周期越来越短，服装变幻得越来越快，这就要求设计师们不断地要涌现出新的设计灵感，变化出不同的设计主题，才能设计出更新颖的服装来适应社会的需求。那么寻找设计灵感，挖掘新的设计主题就是服装设计的首要任务。人们总是惊讶于时装设计师是如何想出这么多美妙的新想法。事实是这些想法几乎没有全新的，设计师通过重新观察周围的世界进行创作。

设计师要始终把握时代的脉搏，音乐潮流、街头文化、影视、艺术动态。每个时装季节都有一个清晰的样式，这绝不是偶然的；不同的设计师常常设计出相似的色彩系列和廓形，因为他们都意识到了总的流行趋势，然而，从一种异于常人的角度进行设计，也能产生激动人心的时装。虽然时装是最容易过时的，但回顾过去寻找灵感常常会有意想不到的收获。整个时代都可能有一个灵感，而且，不同时代的流行风格是循环往复的。20世纪60年代某年的风格可能在现在是一种时尚；下一次，有可能流行70年代的样式。以原始种族理念为基础的图案和风格被设计师们一遍遍地重复着。这个季节，他们可能想到拉丁美洲印第安人的编织，下一年，他们又以非洲某个部落的图案为特色。

服装经常依赖其他的艺术形式来寻找设计主题，装饰性艺术的豪华富丽、闪闪发光的印象和神秘宗教艺术都是艺术精品，都可以用来启发服装设计。不管是探索艺术世界、欣赏家乡的建筑、研究印度的文化，还是观察家里和花园熟悉的物品，这些都会成为新的灵感来源，探求服装设计主题的机会是无限的。

一、设计理念与相关主题信息资源的收集与整理

服装的有关资料和最新信息是设计师需要研究和掌握的，资料和信息是服装设计的背景素材，同时也是为服装设计提供的理论依据。

可以参观博物馆或者流连于他人的绘画、雕塑、电影、摄影和书中。因特网的应用即使在家中或学校里就能获得大量的信息。服装的资料有两种形式，一种是文字资料，其中包括美学、哲学、艺术理论、中外服装史、有关刊物中的相关文章及有关影视服装资料等。如旗袍的设计，在查阅和收集资料时，古今中外有关旗袍的文字资料和形象资料都要仔细地去研究。在一些设计比赛中经常有这样的情况：某些设计师的设计作品往往有"似曾相识"的感觉，或有抄袭之嫌，究其原因就是资料研究得不充分，类似的服装造型在某个时期早已有过。因此，为避免这种现象，设计之前对资料的查阅、搜集和研究力求做到系统、全面。另一种是直观形象资料，其中包括各种专业杂志、画报、录像、幻灯及照片等。好莱坞电影也常常引发时尚潮流；如影星奥黛丽·赫本，从1953年的《罗马假日》起，几乎每演一部电影，都会带起一股新的流行浪潮。赫本走红的年代，正是金

发美女横行的年代。那时候的女性喜欢把闪亮的金发烫得整整齐齐。在《罗马假日》里赫本开始是一头长发，剪去长发时候，忍不住叹息，但是当镜头一换，一个更加俏丽的短发美人出现在观众眼前。她的黑色短发打破了当时的流行，"赫本头"至今流行。

提起"赫本"这个名字，叫人联想到的是纪梵希等一系列设计大师的名字。像是从天而降的缪斯女神，赫本为品牌注入了不朽的灵魂，令天下所有的女子为之心醉神迷。许多年之后，奥黛丽·赫本依旧影响着时尚界的潮流变迁。在拍摄影片《龙凤配》时，赫本与法国女装设计师纪梵希相遇了，纪梵希与赫本共同创造出一个时尚神话——"奥黛丽·赫本风格"。赫本身穿的那件优雅大花长裙，一层蝉翼纱从腰身直泻而下，上衣、裙身，以及裙摆都刺绣着 18 世纪风格的花卉图饰，曳地部分的裙摆构成了椭圆图形，镶边用黑色蝉翼纱褶饰，丝质的衬里，腰部使用勾眼扣紧，这件衣服实在让赫本惊艳。

1953 年，奥黛丽·赫本主演《龙凤配》，饰演一位管家时髦的女儿，导演让赫本去巴黎采购戏装。24 岁的赫本跑去拜访时装设计领域 26 岁的王子赫伯特·德·纪梵希，而这时，品牌才刚刚成立一年的时间。

在寻找灵感时，要避免囫囵吞枣。研究时要有选择，拓展选题时要有节制，这有助你设计主题更加突出既接受选题里的观念、知识、理论，同时又可以用自我的方式，重新审核后确认是非。所有的设计，几乎都是在原有作品的基础上，加入创作者新观念的成分后而成就的新作。即打散重构已有的服装元素，运用新的构成形式出现，带来新的视觉冲击力。

在现代服装设计中，不论是发型还是服装款式仍能看到赫本时代经典的影子，这是设计大师加里基亚诺的作品，以新的造型形式引领着时尚。所以掌握服装的有关资料和最新信息是必不可少的，能够为服装设计提供强有力的理论依据。

二、掌握信息

服装的信息主要是指有关的国际和国内最新的流行导向与趋势。信息分为文字信息和形象信息两种形式。资料与信息的区别在于前者侧重于已经过去了的历史性的资料；而后者侧重于最新的超前性的信息。对于信息的掌握不只限于专业的和单方面的；而是多角度、多方位的，与服装有关的信息都应有所涉及，如最新科技成果、最新纺织材料、最新文化动态、新的艺术思潮最新流行色彩等。

此外，对于服装资料和信息的储存与整理要有一定的科学方法，如果杂乱无章地随意堆砌的话，其结果就会像一团乱麻而没有头绪，那么，再多的资料和信息也是没有价值的。应善于分门别类，有条理、有规律地存放，运用起来才会方便而有效。

设计主题的灵感无处不在，不管是海滩上的贝壳还是壮观的摩天大楼，不管是在展览会上还是在里约热内卢的狂欢节上。只要你深入研究，这些都会不知不觉地影响你的服装理念。伊夫·圣·罗朗设计的裙子就是受到蒙德里安的作品的启发，这是设计师从艺术世界中得到主题的一个很好的例子。画家蒙德里安作品中，其震撼人心的造型和鲜明的色彩就可直接借用在印花设计中，此外，原画中的精华部分被注入设计中，从中可以看出它的来源，同时它又是一件独特、漂亮的艺术品。

三、从某一具体实物着手，与自己大脑产生共鸣的设计概念碰撞确定主题

作为一个设计师，应当学习以新的眼光看周围熟悉的事物，从中寻找灵感和创作的素材。一旦领悟，设计就不再神秘，会发现周围的世界提供了无穷无尽的素材。选择的空间过于巨大，在开始时可能会感到灰心丧气，但不久就会学会如何在可能成为灵感素材中去选择设计起点。只要是自己感兴趣的事物就一定能够启发设计主题，个人对理念的理解往往会给设计

增添激动人心的独特风格。除了自己感兴趣的素材外，还有几点要考虑进去，色彩搭配、面料质地、比例、形状、体积、细节和装饰。这些元素将对选好的素材进行进一步的研究提供重点研究对象，并且可以有目的地对目标主题进行精心设计。

在这个品牌全球化的时代，转向非西方文化寻找灵感有时会令人耳目一新。以埃及为例，在现代社会中埃及是一个还保留有鲜明特征的文化典范，因为它至今仍同它的文化根源保有密切联系。埃及文化中鲜明的色彩和精致的造型都是极好的设计素材，不管是金字塔、印花织布还是华丽的金首饰，这些色彩和造型几个世纪以来都是埃及文化密不可分的一部分，而且还将继续被世界各地的埃及人保存下去。从各种渠道研究埃及文化，收集埃及物品、织物布料、拍照、画草图。通过对埃及文化的研究，利用非西方文化的设计理念，探求可用在设计中的色彩和造型，使作品呈现一种有趣的多种文化融合的效果。埃及神秘的金字塔就是很好的创造素材，埃及法老的坟墓、埃及艳后的传说还有神奇的木乃伊，都会触动设计者敏感的神经而产生新的设计主题。就连设计大师加利亚诺在高级时装发布中也有以埃及文化为灵感的经典设计。（从埃及木乃伊中寻找灵感，利用对面料进行缠裹的造型手法，结合礼服的结构特点，使作品具有独特的韵味。）所以收集研究素材并不困难。利用有强烈传统色彩的素材可以确保材料永不过时，因为它们永远不会被时尚潮流吞没。作为设计者，必须尽可能研究各种文化，从中发掘出设计的宝藏。

从新的角度看事物，一个简单的方法就是尝试不同的尺寸比例。一件常见物品的局部被放大后，可能就不再乏味和熟悉了，而会变得新颖，成为设计创作的灵感素材。正是这种对素材的深入了解，才使你的作品有着个人独特的风格。

仔细观察生活，最平常的东西都能激发灵感，科普书和杂志都有很好的理念源泉，细看放大的意象，颜色变形了，露出出人意料的细节，想象怎样把这梦幻般的色彩应用于设计中展示出意想不到的效果。所以我们应当学习以新的眼光看周围熟悉的事物，从中寻找灵感和创作的素材。

第二节　服装设计主题与造型表达

无论是从哪一种途径发现设计主题，最终能使得作品出台，才是真正体现创作者实力的时候。发现灵感找到主题是一件很兴奋的事，然而人处于兴奋状态时，往往因冲动而头脑相对混乱。当灵感到来时，应当把握兴奋的尺度，对灵感的内容进行一定的筛选后，再进入创作。

可以说，能对创作者产生刺激，被称为灵感的事物都不是单纯唯一的，小到一粒石，大到宇宙，每一件都包含了很多内容。以小石子为例，它的造型、色彩、纹样等表面的内容就不少，进而它也有拟人化的性格、品质等虚化的内容，这些在重创中不可能超过本体，也不需要去"复制"，是需要赋予它更新的东西。如果以石子为灵感去设计服装，大多利用它的色彩、纹样及性格的凝重；如还以它为灵感去创作时装画，又能利用它的造型、质量感和拟人化的刚毅精神。

凡此种种，都说明只有做到有计划地筛选，才能更好地表现灵感。一切作为灵感的东西，势必本身也存在着与重创物有一种天然的联系。抓准这种天然的联系，才是真正抓住和把握了灵感。

一、主题的利用

能够发现主题，也未必能利用好主题。尽管前面所述，有了一定的基础，就可以把握主题这一机遇。每一种创作都需要基础，而基础也存在着单一和广泛两种概念。服装设计是边缘学科，内涵极为丰富，不论是做设计师，还是当时装画家，只具备时装专业表面基础是远远不够的，关键要夯实外延的基础，才能利用和超水平发挥这难得的主题。

主题的来源方式虽然有直接与间接之分，可落实到时装设计中，总要换成本门类的艺术语言。这其中就已注定要有一点或更多的联想手段才能完成，生搬硬套只会给人留下不伦不类的感觉。好的创作者既能接受任何观念、知识、理论，同时又可以用自我的方式，重新审核后确认是非。所有的设计，几乎都是在原有作品的基础上，加入创作者新观念的成分后而成就的新作。

所以，主题的利用可以说是对创作者生活阅历、素质、学识等诸多因素总体的检验。这也证明了，每一件可称为"艺术作品"的东西，在给接受者带来享受的同时，也是在对接受者倾诉创作者的内心独白。唯有两者之间产生了共鸣，作品才有价值，主题才真正地利用和发扬光大。下面以藏族服饰特点为例，分析体验与发现主题辐射的信息源的重要性，从而感受主题，在密切接触中体会主题深层寓意，设计出具有民族服饰特点的作品。

藏族服装具有悠久的历史，肥腰、长袖、大襟是藏装的典型结构。牧区的皮袍、夹袍，官吏贵族的锦袍及僧侣在宗教节日活动中的服装都具有这种特点。拉萨、日喀则、山南等地区的"对通"（短衣）也有此特点，至于工布地区的"古秀"，其基本结构也是和肥腰、大襟的袍式服装相近的。只不过它的结构比袍类更简化了，这种服装不但省去了袖子，而且把衣襟和前身合并一起了。

藏族服装结构的基本特征，决定了它的一系列附加装束。穿直筒肥袍行走不方便的，腰带就成了必不可少的用品。腰带和靴子又是附着饰品的主要穿戴。各种样式的"乱松"（镶有珠宝的腰佩）系在腰带上垂在臀部，形成各种各样的尾饰。各种精美的类似匕首装饰也都系在腰带上。当地具有相当水平的毛织工艺品。各色毛织物的色泽也很鲜艳，它们大多是以红、绿、褐、黑等色彩组成的大小方格和彩条，非常美观大方。

设计师首先对其设计作品的历史背景、民族特点要有深刻的了解，从藏族众多的服饰形象资料中，抽选出典型的、具有时代特征元素而又符合审美的形象款式。在设计中要通过对服装的造型、色彩及装饰，显示出人物的历史印迹，民族的、地域的个性。应准确地把握和塑造人物的整体形象，着力刻画出人物的性格特征。所以能够发现主题，并且利用好主题，是对创作者生活阅历、素质、学识等诸多因素总体的检验。有了一定的素材基础，才可以把握主题这一机遇，创作出好的作品。

服装设计是一种创造性活动，应该符合美学的基本规律，这种创造其实是将客观已经存在的美的规律与现象更加强调出来。所以在实际创作活动中，常常会遇到面对众多形象资料的取舍组合的问题，这就涉及审美取向，以及服装艺术的特殊性问题。

二、探索不同表现服装造型表达的方法

探索不同表现服装造型表达的方法，可以使设计师设计时更加自由。笔或颜料绘画是常用方法。服装绘画是为了适应服装发展应运而生的新的画种，它是为服装服务的。服装画可分两类：一类是服装效果图，另一类是时装绘画。

（一）服装效果图

其目的是表现设计者以设计要求为内容，着重于表现服装的造型、分割比例、局部装饰及整体搭配等。因为服装设计是综合设计，并不是完全靠设计师一个人来完成（尤其是成衣），效果图是用来指导后续工作的蓝本。根据设计师提供的效果图，由工艺裁剪师打出服装样板，裁剪衣片，缝纫机工按效果图要求，将裁片缝制成成衣。因此，服装效果图是从面料到成衣过程中的蓝本依据。

此外，效果图比较细致准确地表现人与服装结合后的效果，直接且简单地反映穿着后的效果。它也是设计中不可缺少的一个环节，可以省去很多不必要的时间和劳动，凭纸面上的效果图来预测服装的可行性。对那些热衷于自己制作服装的人士来讲，根据效果图就可以找到适合自己，又不与他人雷同的服装款式；按效果图所提供的色彩进行搭配，选择面料，根

据排料说明、尺寸数据进行裁剪、缝纫，就可较轻松地给自己做一套满意的服装。

服装效果图的实用目的限定了其表现手法，此类效果图应以比较写实、逼真为主，人物造型不可过分夸张。不能只图画面的好看，而省略服装分割线、结构线的表现；也不能为了准确表现服装面料本身的色彩，而略去环境色，以固有色形式描绘。

在服装设计图中，除彩色效果图外，还有黑白平面结构图及服装相互遮盖部分和某些局部放大部分的设计图。有时还可以加上按比例缩小的裁剪图。设计图要直截了当地表现服装款式的内容和整体的搭配效果。人物以整身形式出现为主，人物的动态力求简单，不可采用影响服装款式效果或易使服装产生较大变形的动态来表达服装效果图。

服装效果图的宗旨是为表现服装款式、色彩、面料质感等因素，所以效果图中的人是为服装服务的。用人的动态最大限度地表现服装的各个方面，若能全面准确地表现服装的表象，就算完成服装效果图的使命了。

（二）时装绘画

时装绘画与服装效果图的目的相反，它是为了表现穿着者着装之后的感觉，所以时装绘画的精神价值是不容忽视的。时装绘画是特殊的绘画作品，它的特点在于题材非常明确，不是一般的人物画，而是穿着者有时尚设计感的时装人物画。一般的人物绘画并不像时装绘画中的人物那样怪异，因为一般的人物绘画所要表达的思想感情不一定是超前的。而时装本身就是一种新奇思想的载体，就它本身而言，能否很快被认同、赏识还是未知数，没有充分的解释就能理解是不可能的。那么，借助于人物的夸张和变形，就成了时装绘画的基本手段。

想象力和创造力是构成时装画美丽世界的两大支柱。时装画必须运用丰富的想象力从异于常人的角度来艺术化地表现所领悟的时代风尚，并在时装画中创造性地将服装、穿着者和环境之间的关系呈现出来。好的时装画能让观者感受到当时的社会气息，可以明显地感受到不同的时代精神。时装画中凝聚了许多设计师的个人感受，人物动态、服装款式、色彩都是一种心态和情感的表现。

虽然时装画和时装效果图都具有实用和审美属性，但在二者身上却呈现出不同的侧重点。就实用属性来看，时装画以目标定位群体的生活状态为述说对象，力求使服装产品与消费者产生共鸣，通常是商家把自己的产品风格化、艺术化地传达给顾客的一种手段，它是理想的美化设计的方法，以达到促销目的。而时装效果图的实用属性则是在设计观念和完成的服装之间搭起一座桥梁，它蕴涵着工作的流程。从某种程度上来说，时装效果图是具有时空效应的。它使思维视觉化，让设计师借以检验设计是否已经完善，并且还指导着下一步的工作。同时，由于服装的完成品和效果图通常是有着一定差异的，所以它并不是最终的结果，而只是一个记录的过程。

第三节 服装设计的条件与定位

在进行服装设计之前，了解和掌握设计对象所具备的各方面条件，是必须要做的首要工作，因为它是服装设计工作成立的前提。只有充分地了解了这些具体内容，才能有针对性地开展设计工作，才能合理科学地给予服装造型以准确的定位，这是满足顾客需求的基础。

一、服装设计所需考虑的几个条件

现代的服装设计，只有在合理的条件之下，才能发挥出设计的最佳效果，才能创作出实用与美观兼顾的优秀服装设计作品。要达到和实现这样的目的，在进行服装设计时，考虑以下六个方面的条件是必需的，也是十分重要的。

1. 何时穿着

何时穿着指穿衣服的季节与时间。即春、夏、秋、冬四季和白天或晚间的穿着。

2. 何地穿着

何地穿着指穿用衣服的场所和适用的环境。

3. 何人穿着

何人穿着指穿用者的年龄、性别、职业、身材、个性、肤色等方面。

4. 何为穿着

何为穿着指穿用者使用衣物的目的。

5. 何用穿着

何用穿着指穿用者的用途。即穿用者依据着装的需要而决定服装的类别。

6. 如何穿着

如何穿着指如何使穿着者穿得舒适、得体、满意。这也是服装设计的关键所在。

这六个条件，可以说是服装设计的先决条件，是服装设计师在从事服装设计时，必须从顾客那儿得到的具体内容。依据此内容，设计师才能按照顾客的要求，进行服装设计的效果展示。其具体过程如图 3-1 所示。

二、服装设计的定位

服装设计的定位是建立在服装设计的先决条件基础之上的，即服装产品的消费阶层，以及不同消费阶层的消费取向。只有在这个基础之上，才能对服装设计进行科学的定位和新产品的开发。其内容如下。

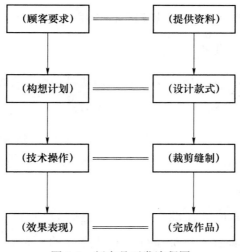

图 3-1　新产品开发流程图

1. 确定产品的类型

（1）确定产品类别：依据服装市场的消费特点，流行趋势和潜在消费群体的购买能力，结合服装生产企业自身的生产结构特征，合理地确定服装生产的类别，是休闲装、运动装还是裙套装或裤套装等。

（2）确定产品档次：确定产品的档次关键在于企业自身的条件，它包括企业的生产规模、生产手段；技术的先进程度、人员的综合素质；设计的能力、管理的水平，以及市场占有率的情况等多方面因素。在服装的生产和设计过程中，应依据这些因素来合理地安排产品的档次。切不可不顾企业的实际情况，盲目地提高或降低企业产品的档次，给企业的经营发展带来不必要的损失。

（3）决定产品批量：当服装的类别、档次被确定以后，应根据产品的销售地区、消费阶层来制定合理的产品生产数量，是小批量还是大批量。

（4）设定产品的价格：产品的价格应以产品的产值成本为基础，结合产品在市场上所受欢迎的程度和消费者实际的购买能力来合理地设定，从而起到以价格来进一步推动市场消费的作用。

2. 确定产品的风格

（1）确定产品的造型特点：在市场消费过程中，只有有特点、有个性的服装产品才能吸引消费者。确定服装造型在哪一方面具有独立特色，应以市场的需要为准则。既可以以表现服装的款式造型、色彩配制为主要特点；也可以以表现服装的工艺处理、面料组合为特点，或者以装饰搭配等其他方面为主要特点。

（2）制定产品质量标准：产品的质量标准是检测产品生产质量的依据，是产品质量的保证条件。服装产品的质量标准一般从以下几个方面来制定：即服装款式造型的机能标准、主辅面料的理化标准、样板的尺寸规格标准、缝制的工艺标准，以及产品后整理的技术参数标准等。

（3）确立产品的艺术风格：产品的艺术风格主要是由产品的美观性能所决定。它体现着一个生产企业在产品生产、开发过程中对产品风格的确立。这种被确立的产品风格，一旦被消费者所认可，就意味着该企业及其产品在消费者心目当中树立起了良好的形象。因此，确立服装产品具有什么样的艺术风格，对于服装生产企业的发展也是至关重要的。

（4）确立产品品牌特征：一个好的产品品牌是质量与信誉的保证。确立新颖有特色的产品品牌，可以强化人们对产品的认识，吸引消费者对产品的兴趣，增进购买欲望，达到促进销售的目的。

3. 制定产品的营销策略

（1）市场的定位：市场定位即产品的定位。服装生产企业在确定自己产品的市场定位以前，应切实地了解和掌握市场上同类产品的特点和竞争力度，以及这类产品在不同消费市场所受欢迎的程度。然后，针对自己企业的生产能力，销售渠道和促销手段等方面的情况，合理地进行产品的市场定位，以保证产品的顺利销售。

（2）销售的方案：制定合理的销售方案是保障企业顺利发展的重要条件之一。它包括的内容为产品投放的时间、数量、渠道、地点等方面。在制定销售方案时，应先准确地把握产品的市场定位，然后选择最佳的时间，安排最适当的批量，选择最畅通的途径将产品推向市场。从而实现使企业获得最大经济效益的目标。

（3）销售的路线：指的是根据产品的类型、特点和不同的消费阶层的购买能力，而选择的销售区域以及进入这一区域的方法：是批发、零售，还是专营、兼营等。

（4）促销的手段：指的是服装生产企业为了促进其产品的销售而采取的各种方法。这些方法基本上分为两大类：其一是利用各种媒体的广告形式来介绍产品的特点，起到指导消费的作用。其二是利用服装本身所具有的传播功能，通过举办服装展示会、赠送样品、发放纪念品等不同的形式，起到推动产品销售的作用。

4. 制定产品开发的规划

（1）对老产品进行评价：根据现有产品在市场的经销过程中所反馈回来的各种情况，进行科学的综合分析与评价。确定出现有产品在市场竞争中的优势和不足。然后，提出具体翔实的改进意见和措施。包括调整生产结构、降低产值成本，变更促销手段，改进生产工艺等方面，以使老产品在市场竞争中能够维持较长的生命力，为企业获得更多的利润。

（2）确立新产品发展的目标：是指在现有产品生产经营的基础上，确立新产品的发展规模、速度、开发步骤，以及时间顺序的安排。

（3）确立生产企业的发展战略：指的是生产企业依据自身的现有条

件，从宏观的角度制定的发展目标和规划。即预计在什么时间内，企业应发展到什么样的程度。具体内容包括企业的发展规模、高科技的生产手段、人员的素质提高、新产品开发的能力、技术的储备、企业的知名度、产品的市场占有率、员工的工资收入等方面。

第四节　款式设计的方法与步骤

服装设计是以市场为导向，根据消费者的需求，以一定的设计形态，通过选用不同的材料，经过工艺加工制作来完成的。和其他各类造型艺术的设计过程一样，服装设计从最初的构思设想到样品的加工制作，同样也要经过一定的设计方式和步骤才能完成。

一、集体创意的设计方法

这是近年来被广泛应用于设计界的一种集体创意的思考方法。也是集众人的聪明才智来完善每一件设计作品的方法。在运用这种集体创意的方法时，参与人员务必应遵守以下几个方面的规定。

（1）不可批评他人所提出的改进构思。

（2）尽量探求自由新鲜的想法。

（3）设计创意的量越多越好。

（4）欢迎改善或结合他人所提出的想法。

这种方法是在每一季节来临之前，企业进行新季节产品风格策划时或在每组新的款式样品制作完成后，由公司计划部、设计部、打板部、样品制作部、销售部等部门的工作人员来共同研究商讨该产品的优缺点，并提出改进意见，直至该产品尽可能达到完美的境界。然后，再决定大量地投产、推出销售。参与研讨的小组成员一般 5～10 人即可。样品先由模特儿试穿，在每个人面前展示，小组成员对该产品的用料、色彩、造型、大小、长短等都可提出个人的看法与意见。并进行充分、自由的讨论。其讨论内容与结果由工作人员记录下来，以便为事后的改进工作，做参照的依据。在小组会议中，不仅每个人都应提出自己的看法，而且最好还能尝试着把他人所提出的想法与自己的想法结合起来，以构思出新的生动的创意。

这种集体创意的设计方法，虽然实施起来看似简单，但应用的范围却相当广泛。特别是在所要研究的问题仍不明朗或者尚无法确定时，很容易得到解决问题的方法。

二、个人设计构思的方法

每个人的构思模式和设计方法虽然会因其自身的条件和习惯的不同，在具体操作过程中有所差异，但总体上来讲不外乎两种基本形式。即由整体到局部和由局部到整体。

1. 由整体到局部

这是设计构思时最常用的一种方法。其特征为：在设计过程中，首先根据已知的条件，构思出一个总体的框架（方向定位）。然后，再根据这个整体的思路，进行各局部的设计，直至最终实现设计的要求。从这个设计的前提要求中可以看出，此设计的总体思路应定位于礼服：服装除了要保持其实用性的基本功能以外，还应重点反映服装的礼服特点，以便达到服装与环境相适应的目的。因而，在具体的设计过程中，应当以总体定位为依据，无论在款式的造型、色彩的搭配、面料的选择，还是在各局部的装饰方面，都要围绕着礼服这一主题来进行构思，并在造型过程中加以充分地体现及落实，最终达到设计要求的目的。

2. 由局部到整体

这种方法与前者不同，它事先既没有一个整体的构思设想，也没有什么设计要求及条件。而是由于得到某一种灵感或者受到什么启示，进而想象出服装的局部特征，然后再把这种局部的特征进行外延扩大化地展开，从而构思出完整的设计。这种方法带有很强的偶然性和探索性，虽说比较冒险，但是由于设计者是怀着一种浓厚的兴趣和自信心去体验、追求、创作。所以，也是一种较为常用的方法。

除了上述所讲的方法之外，服装设计师在进行设计构思时，还常用以下几种不同的方法来展开思考探索。

3. 观察法

（1）缺点列记法：把现存的缺点列记出来，通过改良或去除，使产品达到更加完美的一种思考方法。

（2）优点列记法：列记出优点，使这些优点能够发扬光大，进而影响整个产品设计的方向。

（3）希望点列记法：找出产品能做进一步发展的希望点并记录下来，然后进行探讨，以求得能在原有基础上有新的发展。

4. 极限法

（1）形容词：大—小，高—低，长—短，粗—细，轻—重，软—硬，明—暗，多—少等。

（2）动词：如重叠、复合、移动、变换、分解、回转等。

5. 反对法

从反对的立场来思考，共包括七个方面。

（1）把居于上面的设计移到下面看一看。例如，把肩部的装饰手法用于裙子的下摆设计上，来检查其效果如何。

（2）把左边的设计转移到右边来看一看。如把左边的分割线转移到右边，来检查其效果如何。

（3）把男性用的变成女性用的。例如，夏耐尔把海军领的设计变成女用时装的活泼样式。

（4）把高价物变为廉价物。例如，采用较为廉价的面料取代高档面料，来制作相同的款式，以降低成本。

（5）把前面的设计转移到后面。例如，把罗马领改变到背部，看其效果如何。

（6）把表面的部分转移到里面。例如，把口袋或纽扣由衣服的表面设置到里面，来检查其效果如何。

（7）把圆形设计变为方形设计。例如，把圆领口变成方领口等，来检查其效果的变化。

6．转换法

尝试着把某种物品作为解决其他问题的想法。例如，能否使用到其他领域上，能否使用其他材料来替代等。

7．改变法

将某一部分以其他创意、材料来取代的方法。包括三个方面。

（1）改变材料：如皮的改成布的，花的改成素的等。

（2）改变加工方法：例如，缝合的改变成粘合的，拉链的改变成系绳的，长袖的改变成短袖的等。

（3）改变某些配件：例如，塑胶粘扣改变为铜质拉链，荷叶边改变成蕾丝等。

8．删除法

能否除去附属品，能否更加单纯化。对于现有的物品能删除的就尽量删除，对本质性的必要性的东西，再做进一步的探讨。

与删除法相对的是附加法，在设计过程中也可以使用。

9. 结合法

把两种或两种以上的功能结合起来,产生出新的复合功能的方法。例如,把裙子和裤子结合起来组构成裙裤,把泳装和瘦裤结合起来组构成运动型时装等。

三、设计的过程

服装设计离不开消费者,也就是说离不开市场。尤其在当今的商业社会里,定做服装已经逐渐衰落。取而代之的便是由服装设计师所设计的时装和成衣。因而,寻找市场上的共通性和需求性,就成为每一个设计师最重要的课题。

设计师必须充分地了解市场上的需求,才能在设计过程中做到有的放矢。下面是服装公司的设计过程。

(1)确立商品的风格计划:在新的季节来临前先做好整体风格、外形、色彩、材料的计划。

(2)研究开发:研究产品开发的可行性和被市场接受的程度。

(3)设计稿:针对上述两项前提绘制设计图。

(4)制作样品:根据选择之后的设计稿件裁制样品。

(5)评估会议:样品完成后,集合有关人员集体研究,提出改进意见。

(6)变更设计:根据改进意见,调整设计。包括款型、色彩、面料、工艺、装饰等方面。

(7)产品生产:决定生产数量、分配生产流程路线与制定完成日期。

(8)推出销售:分配销售网点与制定销售路线。

设计过程示意图,如图3-2所示。

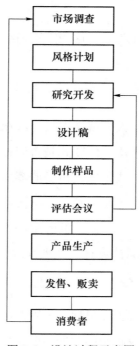

图 3-2　设计过程示意图

第五节　服装流行趋势的产生与预测

　　流行，是因为成功的服装一定是入时而流行的。时髦具有一种神奇的力量。任何环境、任何文化背景、任何时代的个体，都会不由自主地追随时髦风尚，而不愿被旁人视作异物或落伍者。正是这种时髦心理，导致人类千年时尚的兴衰和演化更替。人类天生喜欢创新和不断地追求变化，并从创新求变中得到那份强烈的创造欲和满足感。同时，人类还拥有善于模仿与倾向大众化的天性，这种集大多数人的共同嗜好或者自然的肯定某种趋向的行为，就造成了所谓的流行。

一、流行产生的原因

通常要受到多种因素的影响，这些因素归纳起来，颇具代表性的有以下五种因素。

1. 社会经济状况的因素

当社会经济不景气时，人们就会把精力放在民生问题方面。先要求解决食品和居住的问题，对于服装的款式是否流行并不那么看重，也不会时常地购置新衣物。于是就造成了服装市场的萎缩，服装款式的变化自然也就相应地减少，甚至是停滞不前。相反，在社会经济繁荣富裕时，人们便会不断地追求新的服装款式，以满足其时髦的心理欲望。而作为设计师就要不断地创新、竞逐，使新的流行不断地涌现出来。

2. 大众需求与接受的能力

当流行产生时，新款式首先出现。一般人对于新款式，并不能马上接受下来，而是需要经过一段相当的时间。在新款式逐渐变得普通时，人们看到其他人穿上了新的款式，往往会在心理上感觉到自己也必须赶上潮流。否则，会让人认为自己不合时宜，太土。因而，对新款式也有一种需求，于是流行便蔓延至每一个角落。在此期间，某些设计师的作品，可能会因过于怪异，不符合人们的心理条件和接受能力，而在一段很短的时间内悄然消失。

3. 时代背景

流行是随着时代而变迁的，不同的时代，款式及其流行都与当时人们的生活习惯，审美观念、经济状况相吻合，否则便无法形成流行。同样的道理，时代改变了，曾经流行的款式便成了过去，只好被新的流行所取代。

4. 地域环境的影响

世界上每一地域，人们的社会状况，经济环境，风俗习惯都有所不同，款式的流行也有区别。例如，巴黎是世界服装中心，是流行的发源地，但在巴黎流行的款式，并不一定会在中国流行开来。即使流行开来，也是在经过了一段时间以后，中国人对于这种流行有了充分的认识、认可后，才会慢慢地流行开来。所以，流行也会受地域环境的影响。

5. 国际事件对人们的冲击

1972 年，美国总统尼克松访问中国，法国的服装设计师们率先将中国的服装加以改变，搬上了世界时装舞台。这种富有浓厚的中国及东方色彩的新款式一经展示，便在全世界范围内掀起了一阵中国热。1976年，爆发了世界石油危机，阿拉伯各国又成了世界上的新贵，于是服装款式中又充满了中东风格。因此不难看出，大的国际事件通过对人们心理上的触动是可以改变其生活状态的，反映到服装上亦可改变其流行的特征。

总之，如果细心地研究上面的几个因素，便会发觉流行的趋势是有脉络可寻的，并不是凭空任意营造出来的。而任何与社会脱节的款式，都是难以生存的。有些服装设计师往往主观性太强，对于款式及色彩的设计，太注重个人口味，而缺乏对潮流及穿着者心理的深入研究。于是乎，作品便成了不切实际、哗众取宠的款式，不但缺乏代表性，也不能为大众所接受，很快就被淹没在流行的潮流中。当然，也不能否认没有个人口味便无法产生特色的事实。但是作为设计师，应该抓住设计的主流特征和时代演变的重点，并进一步把握住穿着者的需求。然后，配合自己的口味和个性，设计出别具一格的具有突出特点的服装款式。并且顾及服装的实用价值，不靠标新立异来取胜。

二、流行的类型

1. 作为社会现象的流行

流行作为社会的客观存在，顺应人的趋同心理的形成和发展。当社会遇有突发事件，例如，在政治、经济、战争等形势突变情况下，由于社会情况变化，要求人们迅速适应因政治信念上的急需表现而迅速流行起来。20世纪70年代，全球的注意力集中引向中东地区，也引发了时尚界对阿拉伯地区的兴趣。于是，T形台上出现了许多具有东方异国情调的宽松样式服装，与西方传统的构筑式窄衣结构截然相反，不强调和体、曲线，线条宽松肥大的非构筑式结构，这种东方风格风靡一时，以此为契机，三宅一生、高田贤三这两位来自东方的设计师大受欢迎，一举成名。

2. 作为象征的流行

流行原本就是人们追求、理想的一种象征。具有民族、地区特点，并与历史上长期积淀的文化紧密关联。久而久之，形成某国、某地、某一民族的习惯，如中国人通常以红色象征喜庆，白色象征悲哀，而西方人恰恰以白色作为婚礼的标准用色。随着全球范围文化的交流，人类审美意识的变化，某些为各方面都能够接受的象征意义等会走向部分趋同。

3. 作为商品的流行

作为商品的流行是由某集团或在某人的推动下设计生产出来并投放市场，吸引人们购买使用（包括动用舆论和宣传工具等）而形成的流行。每年巴黎、伦敦、纽约等时尚集中地和全球各大服饰品集团、面料公司所做的流行发布、流行预测以及各大国际服饰、面料，甚至纱线展会都成了"作为商品的流行"的策源地。

事实上，上述三类流行经常呈现出互相交错的现象，表现了流行与人类生活密不可分的极其丰富的内涵。如果没有政治动荡、经济危机或某种不可抗力而导致社会物质生活基础崩溃，或者没有新兴技术在实质上增进材料对人体的益用，现代服装的流行只会更多地与意识形态或精神领域的需求有关。除了从流行时尚中攫取利润的商业目的、物质生活逐渐丰裕等外在因素，人们难以抚平的精神文化消费欲望是引发流行的内在动力。正是如此，种种"形而上"的新概念、新解释才被赋予流行时尚的内容。

服装作为一种时空艺术，依存于各种信息来展开设计、生产、销售等一系列经营活动。能否及时掌握信息、能否有效利用信息，在资讯传媒高度发达、市场竞争异常激烈的当今，直接关系到品牌的生死存亡。正是在这一意义上，服装业才被人们认为是一种特殊的"信息产业"。通过环境分析可知，服装商品企划所依赖的信息来源极为广泛，形式也多种多样。按照服装信息分类的一般方法，通常将它们分为业内资讯、市场资讯和流行信息。

三、流行周期与预测

反复是一种自然规律，表现在流行中即流行的周期性，每隔一段时间就会重复出现类似的流行现象。周期性是人类趋同心理物化和心理的综合反映，和其他领域的流行一样。

1. 服装流行周期阶段

（1）产生阶段为最时髦阶段：由著名设计师在时装发布会上推出高级时装（先导物），高级时装作品发布会每年于1月（春夏季）和7月（秋冬季）举办两次。高级时装是由高级的材料、高级的设计、高级的做工、高昂的价格、高级的服用者和高级的使用场所等要素构成的。这种时装的生产量也非常少，因为即使在全世界范围内统计，消费得起这类服装的富豪权势不超过2 000人。只有如此量少价高的措施，才能以盈利的部分平衡不被市场接受的部分所造成的损失。

（2）发展阶段是流行形成阶段：由高级成衣公司推出时装产品，此阶段的高级成衣虽然与第一阶段相比，价格相对低廉，但对大众来说，仍然是无法消费得起的天价，因此只能在某些特定阶层中流行，还无法形成规模，但因为这个阶段的消费者多是演艺界、政界人士中受人瞩目的社会名流，故而为下一个阶段的大规模流行积蓄了潜力，促成第三阶段的产生。

（3）盛行阶段是流行的全盛阶段：由大众成衣公司推出大多数人都可以消费得起的价格低廉、工艺相对简单、由大规模生产制造出来的成衣。此阶段，时装已真正转化为流行服装，被众多的人穿用。

（4）这一轮流行在消退阶段已经达到鼎盛阶段：该服装的普及率已经最大，以至于市场被大限度地充斥占据。在此阶段，大众的从众心理已过去，喜新厌旧的心理开始发挥作用，使这类服装的穿着者大大减少，或者成为大众喜爱的日常基本款式被长久使用，或暂时消退，待机再起成为新的流行。

2. 流行预测的概念和作用

预测即运用一定的方法，根据一定的资料，对事物未来的发展趋势进行科学和理性的判断与推测。以已知推测未知，可以指导人们未来的行为。预测的种类多种多样，如股票、经济、军事、服装工业产品等。

成衣流行预测是对上个季度、上一年或长期的经济、政治、生活观念、市场经验、销售数据等进行专业评估，推测出未来服饰发展流行方向。一般情况下，做色彩、纱线、材料、款式、男装、女装、童装等的分类预测，视流行预测机构的功能不同而不同。各服装企业也做适合本企业需要的趋势预测。了解成衣流行趋势的过程和基本原理，可以有效地对本行业的最新动向进行研究、分析和判断，合理应用流行趋势可以降低设计成本、降低生产风险，可以合理地安排生产。引进流行趋势分析理念，可以提高把握市场的准确性，减少制作样衣的不必要投入。

四、服装流行预测的分类

1. 按照预测时间长短划分

（1）长期预测：长期预测多指一年以上的预测。如巴黎国际流行色协会（International Commission For Colour In Fashion And Textiles）发表的流行色比销售期提前24个月,《国际色彩权威》（International Color Authority）杂志每年发布早于销售期 21 个月的色彩预测，美国棉花公司 （Cotton Incorporated)市场部预测发布的棉纺织品流行趋势比销售期提前 18 个月，英国纱线展发布提前销售期 18 个月的流行预测。

（2）短期预测：短期预测指一年以内的预测。如巴黎、米兰、伦敦、纽约、东京、中国香港、北京等时装中心的成衣展示会，包括各成衣企业举办的流行趋势发布和订货会，以及各大型商场的零售预测。

2. 按照预测范围大小划分

（1）宏观预测：宏观预测一般指大范围的综合性预测。这类预测对同一地区内的所有商家都具有指导意义，如国际流行色协会的色彩预测、中国流行色协会的色彩预测等。

（2）微观预测：微观预测可具体到生产不同服装产品的成衣预测。如内衣产品预测、西装产品预测、风衣产品预测等。

3. 按照预测方法不同划分

（1）定性、定量预测法

对预测对象的性格、特点、过去、现状和销售数据进行量化分析，推测和判断成衣产品未来的发展方向。预测前，必须进行广泛的市场调查，在分析消费者与预测对象相关联的各个层次的基础上进行科学统计预测。这类预测非常科学、细致，但预测的成本较高，适合中、小国家的流行预测，如日本的流行预测就经常采用定性、定量预测法。

（2）直觉预测法

聘请与流行预测有关的服装设计师、色彩专家、面料设计师、市场营销专家等有长期市场经验的专业人士凭直觉判断下个季度的流行趋向。参与流行预测的人士，必须有丰富的市场阅历和经验，有高度的归纳和分析能力，对市场趋势具有敏锐的洞察力和较强的直觉判断力，有较高的艺术修养和客观的判断能力。如总部设在巴黎的国际流行色协会的色彩预测采用的就是直觉预测法。

五、流行趋势对服装设计的影响

流行趋势的发展变化，使服装在外形、局部、线型、色彩和布料等方面亦发生变化。且看我国 20 世纪 80 年代服装流行的情形。1980 年，西服出现在青年人当中。1982 年，是猎装。1984 年，大直筒裤、男士高跟鞋。1985 年，运动服。1986 年，萝卜裤，窄腰西服。1988 年，牛仔系列、牛仔布一枝独秀。1989 年，裙裤。1990 年，宽松式套装及都市性格女套装。其间色彩也先后流行过宝石蓝、紫罗兰、明黄、果绿等。

我国的时装潮流趋向一般来讲，深受欧洲及日韩时装潮流的影响。其动向，相对比较容易推测。问题是设计师应如何去适应潮流，设计出合乎时宜的新款式。因为只有适合时令和流行的款式，才有美的效果。流行而且有时尚感的衣服，在人们心理上最容易获得好感。穿着比别人较为新颖的服装，在内心会有一种优越感，这种优越感，是造成流行的动机。另外，一般人均有喜新厌旧的倾向，因此，流行的根源乃发自于我们的内心。而设计师只不过是把握了人们的心理和需要，予以诱导，具体呈现而已。设计师绝不能独自制造流行，而是要揣测大众的心理，正确抓住人们所追求的是什么，往哪个方向发展等关键问题来培育流行的萌芽。

对于一种流行，不妨把它比作一条宽大的河流，而一种趋势，通常包罗万象。假设你所设计的服装，相当于一杯水的分量，那么，流行的整体就是一条大的河流了。因此，可以说，任何人都可以在流行的潮流中选择出适合自己的服装款式。也许对于初学者来说，繁多的式样，快节奏的流行变化，容易使人发昏，难以承受。但是，从广义上来讲，如此的千变万化乃是为了让每个消费者都能有称心如意的装扮，这也是一种必然的现象。

在分析了上述流行的成因之后，再从中采取能使穿着者显得生动的服装外形，这就是运用的服装设计原则了。如果在服装设计过程中，不能有效地整体利用流行的特点，那么，就设法在服装局部中采用。要是局部仍感到不易讨好，不妨单独选用新颖的服装材料或者新鲜的服饰配色，同样也能显现出一种流行的气氛。

　　总之，流行是一种趋势，它包罗万象。在服装设计过程中既可以从大的方面进行整体的把握，也可以从服装局部特点着手。不必拘泥于非把流行的外形一成不变地搬过来加以运用，更不用设计得完全符合流行的格式。对于流行，要灵活地运用才能创造出更好的服装设计作品。

第四章
数字化与数字化服装技术

随着市场导向型时代的到来，以企业为主导的时代已经不复存在，这意味着生产管理者要站在消费者的立场上考虑问题。更好的产品，更为低廉的价格，永远是顾客的要求。品质、成本、交货期成为生产活动中的三要素。把这三个要素投入到生产活动中，使人、原材料和设备得到高效率的利用，并且使各项要素到达一个平衡，这就是生产管理的职能。研究和创新服装生产管理的方法，提高生产效率，是生产管理发展的本质。一个合乎时代发展的生产管理的新模式，是企业改革必须要思考的。以企业为全体对象进行统一管理和改善的 JIT（准时化，即在必要的时间内供给必要数量的必要产品为目的）的生产管理方式应势而出，它从日本扩展至欧美等国，对全世界的制造业产生了巨大的影响。

服装制造业是劳动密集型的企业，服装款式及各种原材料、面辅料丰富复杂，对制造技术及设备也有更多的功能性的要求。生产管理的意识提高使生产设备得到改良、改善，数字化全自动模版缝纫机的发明和完善，减少了对熟练技术工人的依赖，使手工复杂的服装制造业进入标准化生产变成了现实，同时服装生产模板的设计和应用变得迫切和必不可少。数字化传感器（电子工票）的应用，解决了生产制品数据的适时统计准确，使得生产中的各种数据信息成为管理者快速市场反应的有力依据。计算机的普及应用，对制造业产生了深远影响，颠覆了传统而又古老的服装生产方式。部分服装企业开始利用计算机进行改革，对企业信息化进行规划和资源整合，改善企业生产供应链，建立信息化平台。建立标准生产程序和进行科学的生产计划制定，使生产达到平衡，从而提高生产效率，降低成本，提高企业竞争力。各种数字化技术通过互联网，使智能化不断升级。未来的制造业越来越依赖于计算机的技术，未来的服装制造业将是一个数字化的时代。

第一节 数字化概念与作用

"数字化"这个词语源自于拉丁语"digitus"，意思是"手指"。"数字化"是这个时代最时髦的用语，我们的生活也越来越离不开数字产品，如"数字化电视"等。

计算机内部是以数字化的方式来工作的，计算机使用数字"0"和"1"并借助晶体管工作，"0"表示不导电，"1"表示导电，这便是"二进制"计算方法。它是在300年前由哲学家戈特·弗里德·威廉·莱布尼茨发现的。无论多大的数，都能用"0"和"1"这两个数字来表达。例如，数字8可以用"1000"表示，14可以用"11 10"表示，1000可以用"1111101000"表示（见图4-1）。二进制也可以处理文字，计算机专家们都在使用一种编码——ASCII编码，这种编码分别将每一个字母和标点符号与相应的二进制数字相对应。例如，字母"A"在ASCII编码中用"1000001"来描述。

数字化技术的应用，引起了制造信息的表述、存储、处理、传递等方法的深刻变革，使制造业逐步从传统的生产型向知识性模式转化。数字化技术是制造业信息化的基础，它以计算机软件、外围设备、协议和网络为基础，用于支持产品全生命周期的制造活动和企业的全局优化运作。数字化制造将传统制造中的许多定性的描述转化为数字化的定量描述，并建立不同层面的系统数字化模型，利用仿真技术，使产品设计、加工、装配等制造过程实现全面数字化。数字化设计、加工、分析技术，以及数字化制造中的资源管理技术等构成了数字化制造的支撑技术，是实现数字化制造的重要途径。

二进制

1 = 1

2 = 10

3 = 11

4 = 100

5 = 101

6 = 110

7 = 111

8 = 1000

9 = 1001

10 = 1010

11 = 1011

12 = 1100

13 = 1101

14 = 1110

15 = 1111

16 = 10000

图 4-1　计算机的计算方法

第二节　数字化服装的概念

21 世纪，数字化技术广泛应用于服装、广告、影视、动画等行业。数字化技术的应用给传统的设计方法注入了新的理念，将想象通过计算机变为现实，将看似毫无关联的内容结合起来，产生新的构思和创意。数字化技术使服装产业的机械化和自动化程度随之提高，给服装设计师也带来了巨大的灵感和震撼。

服装工业与服饰文化的演变是伴随人类文明进步而发展的。从 20 世纪 80 年代起，随着计算机技术的日益发达，服装行业也开始进入服装高新技术和信息技术的变革时代。服装数字化技术已经涵盖了整个服装生产的过程，包括服装设计、样板制作、推板、成衣信息管理、流程控制、电子商务等方面。

一、服装成衣的数字化设计

（一）服装款式设计

进入 21 世纪，数字化技术广泛应用于服装设计与生产中。它给传统的服装设计注入了新的理念。数字化服装设计是融计算机图形学、服装设计学、数据库、网络通信等知识于一体的高新技术。

从广义的角度看，服装设计包括从服装设计师的构思款式图开始到服装生产前的整个过程，基本上可以分为款式设计、结构设计、工艺设计三个部分。数字化服装设计已经应用到服装设计的整个过程了。数字化服装设计技术是指利用服装 CAD（计算机辅助设计）和服装 VSD（可视缝合设计）技术进行服装设计。

数字化服装设计是利用计算机和相关软件进行服装设计和生产的过程。随着信息化时代的来临，服装专业教学和生产都在广泛开展数字化设计和应用，这提高了服装企业的生产效率，提高了服装产品的质量，提升了服装企业的科技含量和品牌文化含量，这是我国服装行业的必然趋势。为了适应这种形势，服装专业的教学内容和手段都应做出适时调整。

数字化技术与服装设计三大要素有如下关系。

1. 面料设计

数字化技术在软件的特效菜单中为人们提供了丰富的创作内容。一些独特的艺术处理，能奇妙地改变图像的效果，成为服装创作中不可缺少的表现手段，特别是在进行面料设计时，可以根据不同的材料相互衬托，互相对比，利用图像花纹，可生成相对逼真的效果，使服装造型与图像花纹巧妙结合,产生丰富的变化,对画面能起到特殊的烘托效果,使很复杂的服装面料可以瞬间表现出来。例如,可以充分运用 Photoshop 和 Painter 中的画笔工具、图案生成器、滤镜等功能实现设计。

2. 色彩的运用

计算机上色比手绘方便快捷得多,可任意调配选用。它提供了 RGB、CMYK、HSB、LAB 等多种色彩模式(RGB 是最基础的色彩模式,CMYK 是一种颜色反光印刷减色模式,HSB 是视觉角度定义的颜色模式,RGB 模式是一种发光屏幕的加色模式),并可进行色彩转换,通常采用的是 RGB 的色彩模式。如需印刷并将图像输出最佳效果,则转换成 CMYK,或一开始就使用 CMYK。通过数据的设置可以精确地设置控制色彩变化关系,还可以将自己喜欢的颜色和色调进行保存,按照色相、明度、纯度进行任意排列,提高设计的效率。

3. 款式的应用

高科技的运用,使款式搭配变得轻而易举。可通过软件中的变形工具进行整体的拉长、放大、缩小,使夸张变形的时装人物产生艺术效果。在画款式效果图时,主要应用 Coreldraw 中的路径、标尺和文字等工具画出其款式图和结构图,以便更详细地表现款式的前后结构,为工艺制作提供明确的参数。

随着版本的不断升级,软件的功能变得越来越强大,每个软件都有自己的特性和功能,在制作时可根据设计要求相互转化,针对不同特点,大胆尝试和创新,掌握各种软件不同的变化规律综合运用。例如,要表现一张完整的服装设计图,可以先用 Photoshop 通过现有的图片或速写资料进行扫描,然后在 Painter 中绘制服装并进行设计,再导入到 Photoshop 中编辑、调整、加特效,在 Coreldraw 中完成裁剪图和结构图的绘制,形成一套完整的服装制作示意图。

对数字化技术的认识与了解需要不断探索和创新,通过款式、面料、色彩与软件的紧密结合丰富设计。能否熟练地掌握数字化技术只是时间问题，但能否使用这项技术创造出优秀的服装作品，就需要多方面能力的培养与提高。只有通过学习，不断提高自身综合艺术修养，才能使数字技术更好地为我们服务。

（二）服装样板的数字化设计

20 世纪 70 年代，亚洲纺织服装产品冲击西方市场，西方国家的纺织服装工业为了摆脱危机，在计算机技术的高度发展下，促进了服装 CAD 的研制和开发。作为现代化高科技设计工具的 CAD 技术，便是计算机技术与传统的服装制作相结合的产物。对于服装产业来说，服装 CAD 的应用已经成为历史性变革的标志，同时也使传统产业追随先进的生产力而发展。服装 CAD 是利用人机交互的手段，充分利用计算机的图形学、数据库，使计算机的高新技术与设计师的完美构思、创新能力、经验知识完美组合，从而降低了生产成本，减少了工作负荷、提高设计质量，大大缩短了服装从设计到投产的时间。

随着计算机技术的发展及人民生活水平的提高，消费者对服装品位的追求发生着显著的变化，促使服装生产向着小批量、多品种、高质量、短周期的方向发展。这就要求服装企业必须使用现代化的高科技手段，加快产品的开发速度，提高快速反应能力。服装 CAD 技术是计算机技术与服装工业结合的产物，它是企业提高工作效率、增强创新能力和市场竞争力的一个有效工具。目前，服装 CAD 系统的应用日益普及。

服装 CAD 系统主要包括两大模块，即服装设计模块、辅助生产模块。其中，设计模块又可分为面料设计（机织面料设计、针织面料设计、印花图案设计等）、服装设计（服装效果图设计、服装结构图设计、立体贴图、三维款式设计等）；辅助生产模块又可分为面料生产（控制纺织生产设备的 CAD 系统）、服装生产（服装制板、推板、排料、裁剪等）。

1. 计算机辅助设计系统

所有从事面料设计与开发的人员都可借助 CAD 系统，高效快速地展示效果图及色彩的搭配和组合。设计师不仅可以借助 CAD 系统充分发挥自己的创造才能，同时，还可借助 CAD 系统做一些费时的重复性工作。面料设计 CAD 系统具有强大而丰富的功能，设计师利用它可以创作出从抽象到写实效果的各种类型的图像，并配以富于想象力的处理手法。

服装设计师使用 CAD 系统，借助其强大的立体贴图功能，可完成比较耗时的修改色彩及修改面料之类的工作。这一功能可用于表现同一款式、不同面料的外观效果。实现上述功能，操作人员首先要在照片上勾画出服装的轮廓线，然后利用软件工具设计网格，使其适合服装的每一部分。在所有服装企业中，比较耗资的工序都是样衣制作。企业经常要以各种颜色的组合来表现设计作品，如果没有 CAD 系统，在对原始图案进行变化时要经常进行许多重复性的工作。借助立体贴图功能，二维的各种织物图像就可以在照片上展示出来，节省了大量的时间。此外，许多 CAD 系统还可以将织物变形后覆盖在照片中模特的身上，以展示成品服装的穿着效果。服装企业通常可以在样品生产出来之前，采用这一方法向客户展示设计作品。

2. 计算机辅助生产系统

在服装生产方面，CAD 系统应用于服装的制板、推板和排料等领域。在制板方面，服装纸样设计师借助 CAD 系统完成一些比较耗时的工作，如：样板拼接、褶裥设计、省道转移、褶裥变化等。同时，许多 CAD/CAM 系统还可以测量缝合部位的尺寸，从而检验两片衣片是否可以正确地缝合在一起。生产企业通常用绘图机将纸样打印出来，该纸样可以用来指导裁剪。如果排料符合用户要求的话，接下来便可指导批量服装的裁剪。CAD 系统除具有样板设计功能外，还可根据推板规则进行推板。推板规则通常由一个尺寸表来定义,并存储在推板规则库中。利用 CAD/CAM 系统进行推板和排料所需要的时间只占手工完成所需时间的很小一部分,极大地提高了服装企业的生产效率。

大多数生产企业都保存有许多原型样板,这些原型板是所有样板变化的基础。这些样板通常先描绘在纸上,然后再根据服装款式加以变化,而且很少需要进行大的变化,因为大多数的服装款式都是比较保守的。只有当非常合体的款式变化成十分宽松的式样时才需要推出新的样板。在大多数服装企业,服装样板的设计是在平面上进行的,做出样衣后通过模特试衣来决定样板的正确与否(通过从合体性和造型两个方面进行评价)。

3. 服装 CAD 服装制板工艺流程

服装样板设计师的技术在于将二维平面上裁剪的衣片包覆在三维的人体上。目前世界上主要有两类样板设计方法:一是在平面上进行打板和样板的变化,以形成三维立体的服装造型;二是将面料披挂在人台或人体上进行立体裁剪。许多顶级的服装设计师常用此法,即直接将面料披挂在人台上,用大头针固定,按照自己的设计构思进行裁剪和塑型。对设计师来说,样板是随着他的设计思想而变化的,将面料从人台上取下并在纸上描绘出来就可得到最终的服装样板。以上两类样板设计方法都会给服装CAD 的程序设计人员以一定的指导。

国际上第一套应用于服装领域的 CAD/CAM 系统主要用来推板和排料,几乎系统的所有功能都是用于平面样板的,所以它是工作在二维系统上。当然,也有人试图设计以三维方式工作的系统,但现在还不够成熟,还不足以指导设计与生产。三维服装样板设计系统的开发时间会很长,三维方式打板也会相当复杂。

(1)样板输入(也称开样或读图):服装样板的输入方式主要有两种:一是利用 CAD 软件直接在屏幕上制板;二是借助数字化仪将样板输入到

CAD 系统。第二种方法十分简单，用户首先将样板固定在读图板上，利用游标将样板的关键点读入计算机。通过按游标的特定按钮，通知系统输入的点是直线点、曲线点还是剪口点。通过这一过程输入样板并标明样板上的布纹方向和其他一些相关信息。有一些 CAD 系统并不要求这种严格定义的样板输入方法，用户可以使用光笔而不是游标，利用普通的绘图工具（如直尺、曲线板等）在一张白纸上绘制样板，数字化仪读取笔的移动信息，将其转换为样板信息，并且在屏幕上显示出来。目前，一些 CAD 系统还提供自动制板功能，用户只需输入样板的有关数据，系统就会根据制板规则产生所要的样板。这些制板规则可以由服装企业自己建立，但它们需要具有一定的计算机程序设计技术才能使用这些规则和要领。

一套完整的服装样板输入 CAD 系统后，还可以随时使用这些样板，所有系统几乎都能够完成样板变化的功能，如样板的加长或缩短、分割、合并、添加褶裥、省道转移等。

（2）推板（又称放码）：计算机推板的最大特点是速度快、精确度高。手工推板包括移点、描板、检查等步骤。这需要娴熟的技艺，因为缝接部位的合理配合对成品服装的外观起着决定性的作用，因为即使是曲线形状的细小变化也会给造型带来不良的影响。虽然 CAD/CAM 系统不能发现造型方面的问题，但它却可以在瞬间完成网状样片，并提供有检查缝合部位长度及进行修改的工具。

CAD 系统需要用户在基础板上标出推板点。计算机系统则会根据每个推板点各自的推板规则生产全部号型的样板，并根据基础板的形状绘出网状样片。用户可以对每一号型的样板进行尺寸检查，推板规则也可以反复修改，以使服装穿着更加合体。从概念上来讲，这虽然是一个十分简单的过程，但具备三维人体知识并了解与二维平面样板的关系是使用计算机进行推板的先决条件。

（3）排料（又称排唛架）：服装 CAD 排料的方法一般采用人机交换

排料和计算机自动排料两种方法。排料对任何一家服装企业来说都是非常重要的，因为它关系到生产成本的高低。只有在排料完成后，才能开始裁剪和加工服装。在排料过程中有一个问题值得考虑，即可以用于排料的时间与可以接受的排料率之间的关系。使用 CAD 系统的最大好处就是可以随时监测面料的用量，用户还可以在屏幕上看到所排样板的全部信息，再也不必在纸上以手工方式描出所有的样板，仅此一项就可以节省大量的时间。许多系统都提供自动排料功能，这使得设计师可以很快估算出一件服装的面料用量，面料用量是服装加工初期成本的一部分。根据面料的用量，在对服装外观影响最小的前提下，服装设计师经常会对服装样板做适当的修改和调整，以降低面料的用量。裙子就是一个很好的例子，如三片裙在排料时就比两片裙紧凑，从而可提高面料的使用率。

无论服装企业是否拥有自动裁床，排料过程都需要很多技术和经验。可以尝试多次自动排料，但排料结果绝不会超过排料专家。计算机系统成功的关键在于，它可以使用户试验样板各种不同的排列方式，并记录下各阶段的排料结果，通过多次尝试就可以很快得出可以接受的材料利用率。这一过程通常在一台计算机终端上就可以完成，与纯手工相比它占用的工作空间很小，需要的时间也很短。

由于计算机自身的特点和优势，利用服装 CAD 技术来完成服装样板的绘制并进行推板、排料是相对准确的。并且可以提高工作效率和降低生产成本。

二、服装生产管理、营销的数字化管理

数字化服装生产管理和营销系统是集先进的服装生产技术、数字化技术、先进管理技术于一体的服装生产管理、营销管理模式。它是借助计算机网络技术、信息技术、自动化技术，以系统化的管理整合服装企业生产流程、人力物力、数据管理、资源管理等。

（一）服装 ERP

ERP 全称是 Enterprise Resource Planning，就是企业资源计划系统。服装 ERP 是针对服装生产企业采用全新开发理念完成的管理信息系统，通过将制单、用料分析、生产、工费（工票）、计件统计、生产计划、人力资源、考勤、仓库、采购、出货、应收、应付、成本分析等环节的数据进行统一的信息处理，使得系统形成一个完整高效的管理平台。服装 ERP 可以为服装企业提供产品生命周期管理、供应链及生产制造管理、分销与零售管理、电子商务、集团财务管理、协同管理、战略人力资源管理、战略决策管理与 IT 整合解决方案，帮助服装企业提升品牌价值，获取敏捷应变能力，实现持续快速增长。

（二）服装 RFID

RFID 就是射频识别系统，又称电子标签、无线射频识别、感应式电子晶片、近接卡、感应卡、非接触卡、电子条码。服装行业里称之为"电子费"。

服装 RFID 信息管理系统是运用无线射频识别技术，通过实时采集工人生产信息以及工作效能，为工厂提供一套完整的解决方案，帮助管理者从系统平台获取实时生产数据，使之随时随地了解关于生产进度、员工表现、车位状态、在制品数量等各方面的综合信息。同时，电子标签为管理人员、公司高层和车间一线工人建立了一个连接渠道，每个工人的生产进度可以直接反馈给管理人，使之实时统计工人计件工资，评估工人表现，从不同角度分析多种数据，以便管理者做出客观决策和挖掘更有意义的数据，从而提高服装企业的生产效率和管理决策能力。

（三）服装 ERP 和 RFID 优点

1. 生产数据能够准确、实时地采集

生产数据的实时反馈是保证生产运营畅通的基础。系统在生产车间采

集实时生产数据,是通过工人在生产过程中通过插拔卡或刷卡的方式来实现,RFID 阅读器读出 RFID 卡中所带有的特定信息并实时反馈到系统中,服务器每 5 秒钟更新一次数据。这种操作方式系统能够提供实时的生产数据, 便于进行采集和数据分析。

2. 生产力在原有的基础上实现提升

生产车间实时生产数据反馈到系统,通过系统监控可以实时发现阻碍生产流水线畅通的原因,及时地发现生产瓶颈所在。系统通过实时数据归集对每个车间、每个组、每个车位及工人的生产情况进行实时的监控,从而可以发现生产环节出现的非正常状态, 并及时解决阻碍生产流水的瓶颈, 从整体上保障了流水线的畅通,提高生产力。

3. 能够实时监控生产线车工的工作状态

系统能够实时监控生产线工人的状态,通过对员工在每台车位的不同状态的观察,从而实现工厂整体的透明化管理,提高工厂管理的效率。管理企业可以通过匹配有效的绩效考核体系、先进评比等策略方式调动员工的积极性,使整体产量得到提升。系统本身提供观察的状态可以自定义设定, 通常有不在位、工作中、闲置、维修中等状态显示,便于管理者及时调配人手和统计有效生产时间。

4. 订单进度实时跟踪, 保障及时交货

订单不能及时交货,意味着企业不但不能盈利,反而会亏损,同时也影响企业的信誉度,对企业将来的发展有很大的影响和阻碍。特别是出口企业对于订单的及时交付显得更为重要。系统根据客户订单,从裁剪开始到后道结束整个生产流程进行实时进度跟踪,比如订单在生产线的进度、整个订单何时开始裁剪、现在已经裁了多少,何时到达车缝工序、在车缝工序部分完成多少,何时达后道工序、后道工序完成多少、最终成品多少。管理者从整个订单的进度入手,更为细节地了解每个订单款式的颜色、尺

码的完成数量，从而精确地掌握每个订单的生产进度，达到及时交货的目的。

5. 严格质量管控，降低返修率

质量是生产企业永续经营的基石，也是企业面对客户的品牌保证，其最高目标就是要达到质量问题退货率为零。在既要抓产量又要抓质量的情况下，企业不得不放弃其中的一项。而在系统严格的质量管理的情况下，把责任追踪到个人身上，把有质量问题的产品是在什么时间做的、什么订单的什么颜色、什么尺码的产品——记录在案，在提升产量的同时又抓了质量工作，降低了返修率，同时提高了生产力。

6. 快速进行产量和计件薪资的统计

传统的产量统计和工人计件薪资的核算都要耗费大量的人工和时间，数据的滞后性、数据失真都造成了不良后果。然而在系统全面使用后，通过系统来统计工人的产量，以及计件薪资，可以代替原有的人工统计方式，提高了生产数据的统计效率和数据的准确性。系统可以提供实时的工人真实的产量统计和实时的薪资报表，便于薪资的核算，提高公司生产运营的效率。

7. RFID 裁剪卡全面取代原有的裁剪牌

RFID 裁剪卡全面使用后，可以全部取代传统方式的裁剪牌。查看裁剪卡的流转方式能够清楚地查看到每批衣服的流向，以及每批衣服现在所处的具体位置，一旦裁剪卡或者衣服流失，系统会根据裁剪开卡时的数量进行对比，可以查看裁剪卡最后一次出现的具体位置，从而更加严格地对生产过程进行管控，从真正意义上实现精细化生产管理。

（四）服装 JIT

JIT 就是服装精益生产方式管理系统，中文意为"只在需要的时候，按需要的量生产所需要的产品"。因此，有些管理专家也称此生产方式为

JIT 生产方式、准时制生产方式、适时生产方式。与传统的大批量生产相比，精益生产只需一半的人员、一半的生产场地、一半的投资、一半的生产周期、一半的产品开发时间，就能生产品质更高、品种更多的产品。服装 JIT 是一种生产管理技术，又是一种管理理念和管理文化，它能够大幅度减少闲置时间、作业切换时间，大幅度地提高工作效率。同时，可以消除库存、消除浪费、保证品质。它是继大批量生产之后，对人类社会和人们生活方式影响巨大的一种生产方式。在实际生产过程中，要提高有价值作业，减少无价值作业，废除无用工。生产技术的改善只是在短期内明显地看到成效，而带来的也只是短暂的成功，而管理技术的改善，则必须让管理层和员工明确 JIT 生产管理系统的原则，发挥互助精神，积极参与改善工作，循序渐进，分阶段取得成效，空间利用率可以提高 20% 以上，也就是说，原来可以放置 200 台缝制设备的车间，按 JIT 方式，可以放置 240 台设备。JIT 可实现简单款式 2 小时内出成品，复杂款式 5 小时内出成品，生产过程中的质量问题可在投产初期得到完全控制。缝制车间不再堆积大量的半成品，后整理车间更没有堆积如山的待整理成品。车间的卫生环境也得到了有效的改观，安全隐患消除。

（五）数字化营销

成本上涨之后，很多服装企业都在调整自己的渠道分销模式，由原来的一些加盟代理转为直营、在庞大的直营体系中，进货量由谁来确定、库存量怎样安排，如何面对庞大的生产规模、供货系统、专业采购系统、物流分销管理系统，数字化营销在这时候显得尤为重要。当下服装行业竞争相当激烈，同时资讯科技日新月异，现代企业必须拥有特色的营销模式、正确的资讯观念、科学的管理方法、先进的技术手段和畅通的信息渠道，才能在市场经济大潮中立于不败之地。

随着服装竞争速度的加快，很多人都发现，现在商品上市速度越来越快，这是新的管理技术对传统市场营销提出的挑战，因为它有周期概念。

所以企业在管理当中会加上生命周期,企业要积极利用一些现代的管理信息技术、网络技术向数字化管理转变,现在很多品牌商认为商品都没有保质期,只要能卖就一直卖下去,但随着企业规模市场发展得越来越大,一个非常微小的偏差就会带来非常巨大的损失,因为企业没有为自己设计标准。

在现代服装企业营销管理中,主要是依靠信息中心和财务数据,商品管理营销也可以是具体、可执行的方案,有自己标准而不是用文字描述;商品的企划要满足企业的战略、企业利润,把这些相关信息合并到商品企划当中传递给设计部;设计部结合流行趋势,将品牌特点转化为产品信号;采购人员会结合产品企划,结合营销规划,实施产品订单,让销售进度、物流、调配、促销等全部都在计划当中完成的,数字化管理将是服装企业非常重要的发展方向。

随着全球经济一体化进程的逐步加深,我国服装企业尽快提升信息化水平的需求越来越迫切,服装产品更新换代速度加快及消费者对服装款式多样化、个性化的需求增加,促使服装产品向多品种、小批量、个性定制的生产模式转变。为了适应这一产业变化,服装企业必须借助先进的计算机信息技术,如供应链管理、客户关系管理、电子商务平台等,实现企业内部资源的共享和协同,改进企业经营过程中不合理因素,促使各业务流程无缝对接,从而提升企业管理效率和竞争力。

第三节　数字化服装技术的发展与应用

数字化技术是利用计算机技术将各种信息(如文字、图形、色彩、关系等)以数字形式在计算机中储存和运算,并以不同形式再次显示出来,或用数字形式发送给执行机构等。数字化技术是集计算机图形学、人工智能、并行工程、网络技术、多媒体技术和虚拟现实等技术于一体的。在虚拟的条件下对产品进行构思、设计、制造、测试和评价分析。它的显著特点之一是利用存储在计算机内部的数字化模型来代替实物模型进行仿真、分析，从而提高产品在时间、质量、成本、服务和环境等多目标中的决策水平，与市场构成良好的快速反应机制，提高产品的设计、精度和生产效率，达到全局优化和一次性开发成功的目的。

一、数字化服装技术的发展现状

工业化和信息化技术的进步，促进了服装设计生产技术的发展。数字化时代为数字化技术和艺术提供了无限的发展空间。所谓数字化产品就是以数字化技术为依托的产品。服装是数字化技术和艺术相结合的产品。艺术是科技进步的精神引导，科技进步是艺术持续发展的基础，服装只有将科技与艺术完好地结合才能进步、才能发展。计算机技术与互联网的普及在服装行业得到广泛应用，各种电脑控制的缝制系统、裁剪系统、自动吊挂系统以及服装 CAD、服装计划排产 AOS 等软件系统，使服装生产开始步入数字化和信息化时代。

应用于服装行业的数字化技术，按其基本特征可以分成三维测量成像技术、三维模拟与二维对应技术、图案色彩分解组合技术、平面图形处理技术、工业数据管理技术、执行机构操作流程控制技术以及网络信息传递技术等。三维人体测量涉及三维成像技术；制板、放码与排料 CAD 系统涉及平面图形处理技术；面料 CAD 系统、印花 CAD 系统、款式 CAD 系统不但涉及色彩处理技术，同时还与平面图形处理技术有关；切割裁剪 CAM 系统、缝纫吊挂 CAM 系统和整烫 CAM 系统涉及执行机构操作流程控制技术；生产经营销售管理系统涉及工业数据管理技术与网络信息传递技术等。可见数字化技术可应用于服装行业的信息采集和传递、产品设计、生产、营销等各个环节。

最早实现数字化技术的是服装计算机辅助设计（CAD），其应用开始于 20 世纪六七十年代。国外的服装 CAD 系统有美国格柏（Gerber）、法国力克（Lectra）、加拿大派特（PAD）、德国艾斯特（assyst）、西班牙艾维（Investronica）、日本旭化成（AGMS）等。自 2000 年以来，国内的服装 CAD 技术发展迅猛，相继出现了不少服装 CAD 系统，如富怡（Rich Peace）、布易（ET）、航天（Arisa）、日升天辰（NAC）、丝绸之路（SILKROAD）、爱科（Echo）、至尊宝纺等。到目前为止我国服装行业 CAD 应用普及率在 15%左右，并且各大系统正朝着智能化、三维化和快速反应的方向发展，数字化服装技术的研究应用范围也在不断向 ERP、PLM 等方面进行研制开发和应用研究。从而最终实现服装的三维展示和虚拟试衣功能。

二、数字化服装技术的应用

（一）虚拟服装设计

虚拟服装展示设计改变了传统服装设计方法，利用计算机技术和交互技术可以实现服装面料和服饰的三维数字化设计和互动展示。虚拟服装设计使用 3D 虚拟交互技术，可以模拟样衣的制作过程和模特的试衣效果，设计师利用构建的面料库可以设计各种款式服装，并实时浏览模特的着装效果，从而大大缩短了成衣的生产周期和设计成本。由于面料结构的复杂性以及诸多外力的影响，使面料的三维真实感模拟变得十分复杂，另外在虚拟环境中保持面料材质的真实感也对展示系统的设计和实现提出了更高要求。

（二）虚拟现实技术

虚拟现实技术（VR）又称"灵境技术"，最早是由美国人兰尼尔提出的。他是这样定义的："用计算机技术生成一个逼真的三维视觉、听觉、触觉或嗅觉的感官世界，让用户可以从自己的视点出发，利用技能和某些设备对这一虚拟世界客体进行浏览和交互考察。"虚拟现实技术是在 20 世纪 90 年代被科学界和工程界所关注的技术。它的兴起，为人机交互界面的发展开创了新的研究领域，为智能工程的应用提供了新的界面工具，为各类工程的大规模数据可视化提供了新的描述方法。这种技术的特点在于计算机产生一种人为虚拟的环境,这种虚拟的环境是通过计算机图形构成的三维空间,是把其他现实环境编制到计算机中去产生逼真的"虚拟环境",从而使用户在视觉上产生一种真实环境的感觉。这种技术的应用,改进了人们利用计算机进行多工程数据处理的方式,尤其对大量抽象数据进行处理;同时,它的应用可以带来巨大的经济效益。

虚拟现实是计算机模拟的三维环境,是一种可以创建和体验虚拟世界的计算机系统。虚拟环境是由计算机生成的,它通过人的视觉、听觉、触觉等作用于用户,使之产生身临其境的感觉。它是一门涉及计算机、图像处理与模式识别、语音和音响处理、人工智能技术、传感与测量、仿真、微电子等的综合集成技术。用户可以通过计算机进入这个环境并能操纵系统中的对象与之交互。

虚拟现实技术包含以下几个方面特点。

(1)多感知性:虚拟现实技术除了一般计算机技术所具有的视觉感知之外,还有听觉感知、力觉感知、触觉感知、运动感知,甚至包括味觉感知、嗅觉感知等。理想的虚拟现实技术应该具有一切人所具有的感知功能。由于相关技术,特别是传感技术的限制,目前虚拟现实技术所具有的感知功能仅限于视觉、听觉、力觉、触觉、运动等几种。

(2)浸没感:计算机产生一种人为虚拟的环境,这种虚拟的环境是通过计算机图形构成的三维数字模型,编制到计算机中去产生逼真的"虚拟环境",从而使得用户在视觉上产生沉浸于虚拟环境的感觉。

(3)交互性:虚拟现实与通常 CAD 系统所产生的模型,以及传统的三维动画是不一样的,它不是一个静态的世界,而是一个开放、互动的环境。虚拟现实环境可以通过控制与监视装置影响使用者或被使用者。

(4)想象性:虚拟现实不仅仅是一个演示媒体,而且还是一个设计工具。它以视觉形式反映了设计者的思想,把设计构思变成看得见的虚拟物体和环境,使以往只能借助图纸、沙盘的设计模式提升到数字化的所看即所得的完美境界，大大提高了设计和规划的质量与效率。

美国是 VR 技术的发源地，其 VR 的水平代表着国际 VR 发展的水平。目前美国在该领域的基础研究主要集中在感知、用户界面、后台软件和硬件四个方面。在当前实用虚拟现实技术的研究与开发中，日本是居于领先水平的国家之一，其主要致力于建立大规模 VR 知识库的研究，另外在研究虚拟现实的游戏方面也做了很多工作。

在欧洲英国的 VR 开发中，特别是在分布并行处理、辅助设备（包括触觉反馈）设计和应用研究方面是领先的。到 1991 年年底，英国已有从事 VR 的六个主要中心，它们分别是工业集团公司（Industries）、英国航空公司（British Aerospace）、Dimension International、Division Ltd、Advaneed Robotics Research Center 和 Virtual Presence Ltd。

与一些发达国家相比，我国 VR 技术还有一定的差距，但已经引起政府有关部门和科学家们的高度重视。根据我国的国情，制定了开展 VR 技术研究的相关计划，例如"九五"规划、国家自然科学基金会、国家高技术研究发展计划等都把 VR 列入了研究项目。北京航空航天大学计算机系是国内最早进行 VR 研究的单位之一，他们先进行了一些基础知识方面的研究，并着重研究了虚拟环境中物体物理特性的表示与处理；在虚拟现实的视觉接口方面开发出了部分硬件，并提出了有关算法及实现方法。实现了分布式虚拟环境网络设计。还建立了网上虚拟现实研究论坛，以及三维动态数据库，为飞行员训练的虚拟现实系统，以及开发虚拟现实应用系统提供虚拟现实演示环境的开发平台，并将实现与有关单位的远程连接。浙江大学 CAD&CG 国家重点实验室开发出了一套桌面型虚拟建筑环境实时漫游系统，该系统采用了层面叠加的绘制技术和预消隐技术，实现了立体视觉，同时还提供了方便的交互工具，使整个系统的实时性和画面的真实感都达到了较高的水平。四川大学计算机学院开发了一套基于 OpenGL 的三维图形引擎 Object-3D，该系统实现了在微机上使用 Visual C＋4-5.0 语言，其主要特征是：采用面向对象机制与建模工具（如 3D MAX、

MutiGen）相结合，对用户屏蔽一些底层图形操作；支持常用三维图形显示技术，如 LOD 等，支持动态剪裁技术，保持高效率。哈尔滨工业大学计算机系已成功地虚拟出人的高级行为中特定人脸图像的合成，表情的合成和唇动的合成等技术问题，并正在研究人说话时头势和手势动作、话音和语调的同步等。

（三）虚拟服装设计

虚拟服装设计是虚拟真实模拟，是计算机电子技术对面料仿真利用，是服装设计师及计算机电子技术和动画技术最理想的结合。虚拟服装设计被广泛用于三维时装设计及服装工业、三维电影、电视、计算机广告特技制作等领域。在美国。虚拟服装设计网站已出现很多，利用网络进行在线设计，即让顾客与设计师共同利用三维人体模型进行三维服装设计，并进行 3D-2D 衣片展开，缝合后穿戴在三维人体模型上。通过选择和设置面料的物理机械性能参数（重力、风速以及人体的运动特征），设计师可以交互式地进行服装运动模拟和仿真。通过观察三维服装的运动模拟和仿真效果，设计师便可以直观地观察到服装设计效果和材料及图案选择。如果对设计结果不满意，可马上在二维或三维空间进行衣片形状和材料的修改来改善其效果。从某种程度上它也能显示面料垂悬感和机械性能，同时让顾客看到其穿着效果，得出尽善尽美的设计和艺术创作，满意后可立即购买。

目前，虚拟服装设计主要应用于网上试衣间。通过网站终端，利用上述的三维技术，消费者只要将自己身体的必要数据（如身高、胸围、腰围、臀围、年龄和所选服装类型等信息）输入网站，网站根据人体体型分类方法计算出顾客的形体特征后，试穿上顾客所选款式。这样顾客就能在自己的终端看到服装穿着的静态效果和动态效果，可以任意选择最适合、最满意的服装产品。

（四）三维人体测量技术

人体测量是通过测量人体各部位尺寸来确定个体之间和群体之间在人体尺寸上的差别，用以研究人的形态特征，从而为产品设计、人体工程、人类学、医学等领域的研究提供人体体型资料。在服装行业中，作为服装人体工学重要分支，人体测量是十分重要的基础性工作。

首先，人体测量为服装的合体性提供了基础数据支持，这些数据将支持我国大规模人体数据库的建立，为服装号型标准的制订提供依据。

其次，人体测量为服装功能性研究提供依据。例如，服装对人体体表的压迫度、伴随运动产生的体型变化及皮肤的伸缩等方面的研究，会直接影响人体着装舒适性，因此必须依赖于精确的人体尺寸数据。

传统的人体测量使用软尺、人体测高仪、角度计、测距计、手动操作的连杆式三维数字化仪等作为主要测量工具，依据测量基准对人体进行接触测量，可以直接获得较细致的人体数据，因此在服装业中长期使用。但这些方法都属于接触式测量，在被测者的舒适性与测量的精确度方面还存在许多问题。例如，异性接触测量、疲劳测量给测量工作造成影响；人体是弹性活体，传统的手工接触式测量很难获得真实准确的数据，且测量时容易受被测者和测量者的主观影响而造成误差。同时，人体表面具有复杂的形状，传统的测量方法无法进行更深入的研究，亦不利于计算机对人体的三维模拟，从而也对人体测量的信息化产生了影响。此外，现有手工测量人体尺寸的方式也无法快速准确地进行大量的人体测量，这不仅阻碍了服装工业的顺利发展和成衣率的提高，也不利于快速准确地制定服装号型标准。

纵观当前世界服装业的发展，服装结构从平面裁剪向立体裁剪转向，设计由二维向三维发展，定制服装的发展已成为世界服装业发展的重要趋势，服装设计的立体化、个性化和时装化成为当今的潮流，合身裁剪的概念已成为新一代服装供应的指导性策略。服装业要增强自身竞争力，必须走向合身裁剪，这样准确、快速的三维人体测量就显得尤为重要。

1. 三维人体测量的主要方法

近 20 年来，美国、英国、德国、法国和日本等服装业发达的国家都相继研制了一系列的测量系统。其中有代表性的有以下几个。

（1）英国拉夫堡大学的人体影子扫描仪（LASS），是以三角测量学为基础的电脑自动化三维测量系统。被测者站在一个可旋转 360°的平台上。背景光源穿过轴心的垂直面射到人体上，用一组摄像机同时对人体进行摄影，通过人体表面光线的横切面形状及大小转化的曲线计算人体模型。

（2）法国的 SYMCAD Turbo Flash/3D 是 Tel mat 的三维人体扫描系统，该扫描系统由一个小的用光照亮墙壁的封闭房间、一个摄像机和一个计算机组成。被测对象进入房间后脱去衣服，只穿内衣站在照亮的墙壁前。系统拍摄下被测对象的三个不同姿势：手臂稍微地离开身体面向摄像机、侧向摄像机笔直站立和面向墙壁。在形成的图像上进行扫描、计算后，系统能产生 70 个精确的人体尺寸。该系统测量数据可以和服装 CAD 系统结合使用。

（3）美国纺织服装技术公司（TC2）的白光相位测量法，利用白光光源投射的正弦曲线影像合并而得到全面人体三维形态。它使用一个相位测量面（PMP）技术，生产了一系列的扫描仪，如 2T4、2T4S 等。每个系统使用 6 个静止的表面传感器。单个传感器捕获人体表面片段范围的信号，扫描时间不足 6 s。当所有的传感器组合起来，形成一个可用于服装生产的身体关键性区域的混合表面。每个传感器和每个光栅获得四幅图像。PMP 方法的过渡产物是所有 6 个视图的数据云。这种信息可用于计算 3D 身体尺寸，最后可获得带有身体图像和测量结果的打印报表。它采用白光光源，对人体没有任何伤害。

（4）Triform Body Scanner 是英国 Wicks 和 Wilson 有限公司的非接触

三维图像捕捉系统，它是利用卤素灯泡作为光源的白光扫描系统。被测者根据自己意愿穿着薄型合体服装或者内衣，然后一系列的带波纹的白光束投射到人体上，摄像机捕捉多个人体图像。并将其转化为三维的有色点阵云，看起来像物体的照片。

（5）美国的 Hamamatsu 人体线性扫描系统（BL）使用红外发射二极管得到扫描数据。这一系统利用较少的标记便可以提取三维人体数据，而且错漏的数据较少。光源从发射镜头以脉冲的形式产生，由物体反射后，最后由探测器镜头收集。探测器镜头是圆柱形镜头和球形透镜的组合，能在位敏探测器（PSD）上产生一片光柱，用于确定大量像素的中心位置，人体尺寸由一个特殊的尺寸装置从三维点云中析取。

（6）美国 Cyber ware 全身彩色 3D 扫描仪主要由 DigiSize 软件系统（Model WB4 和 Model WBX）构成。它能够测量、排列、分析、存储、管理扫描数据。扫描时间只需几秒到十几秒，整个扫描参数的设置及扫描过程全部由软件控制。这种方法将一束光从激光二极管发射到被扫描体表面，然后使用一个镜面组合从两个位置同时取景。从一个角度取景时，激光条纹因物体的形状而产生形变，传感器记录这些形变，产生人体的数字图像。当扫描头沿着扫描高度空间上下移动时，定位在四个扫描头内的照相机记录人体表面信息。最后将每个扫描头得到的分离数据文件在软件中合并，产生一个全方位的 RGB 彩色人体图像。即可用三角测量法得到相关数据。

（7）TecMath 是一家以德国为基地的科研公司，致力于人体模拟、数字化媒体的研究。它开发了一个全自动非接触式的测量运算方法来获取人体测量数据，这种三维人体扫描机是便携式的，可以摄取人体的不同姿势，特制摄像机则放在四支二极管激光绕射光源前面，准确度在 1 cm 之内。经电脑检测的数据也可输送到电脑辅助设计系统，用于合成纸样的自动生成。

（8）VOXELAN 是 Hamano 的一种用安全激光扫描人体的非接触式

光学三维扫描系统。它最初由日本的 NKK 研制，1990 年由 Hamano 工程有限公司转接。还有 VOXELAN：HEV1800HSV 用于全身人体测量；VOXELAN：HEC-300DS 用于表面描述；VOXELAN：HEV50S 用于测量缩量；它们可以提供非常精确的信息，分辨率范围从相对于全身的 0.8 mm 到对相对缩量的 0.02 mm。

（9）法国的 Lectra 公司专为服装行业研制开发的 Vitus Smart 三维人体扫描仪，由四个柱子的模块系统组成，每个柱子上有 2 个 CCD 照相机和 1 个激光器（Class 1）扫描时，人体以正常的向上姿势站立，系统捕捉人体表面，并在电脑内产生一个高度精确的三维图像，被称为被扫描人的"数码双胞胎"。根据所需的解决方案，扫描时间可以在 8～20 s 调整完成。

（10）采用固定光源技术的 CubiCam 人体三维扫描系统是由香港理工大学纺织与制衣学系研制的。其运用大范围的光学设计能够在较短距离内获取高分辨率的图像。这种扫描系统在普通室内光源环境下就能进行操作，所以特别适合于服装行业。特别是其获取图像的时间不足 1 秒，因此它又特别适合于扫描人体尤其是孩子。和其他光学方法所具有的局限性一样，它需要一种白色的光滑表面来进行人体自动测量。

以上这些系统大多基于三维人体扫描技术，其工作原理都是以非接触的光学测量为基础，使用视觉设备来捕获人体外形，然后通过系统软件来提取扫描数据。其工作流程分为以下四个步骤。

（1）通过机械运动的光源照射来扫描物体。

（2）CCD 摄像头探测来自扫描物体的反射图像。

（3）通过反射图像计算人与摄像头的距离。

（4）通过软件系统转换距离数据产生三维图像。

为了使人体测量数据捕捉过程可视化，其系统需要多个光源和视觉捕获设备、软件系统、计算机系统和监视屏幕等，有的还需要暗室操作，因此由这些方法研制的量体系统往往结构复杂、体积庞大、成本较高、安装复杂、占用空间大，故只在很少的地方使用。

我国在 20 世纪 80 年代中后期在一些高等院校和研究所进行这方面的研究，主要有总后军需装备研究所和北京服装学院共同研制的人体尺寸测量系统，西安交通大学激光与红外应用研究所的光电人体尺寸测量及服装设计系统，长庚大学和台湾清华大学等院校和企业联合进行的非接触式人体测量技术和中国台湾人体数据库的研究，天津工业大学研制的便携式非接触式量体系统等。但这些系统存在结构庞大复杂、数据采集与计算量很大、标定过程烦琐等缺点，同时操作不便、成本较高和准确性差使这些系统在商业化推广中受到严重限制。

2. 三维人体测量技术的应用

（1）大规模人体体型普查

使用传统的测量方法进行人体体型普查，其效率较低，同时由于传统测量方法各方面的弊端，使测量精度较低，进而影响统计分析结果的可靠性。采用计算机辅助测量系统，可准确、快捷地获取人体各结构部位的尺寸。

（2）量身定制服装

包括单件定制和批量定制，正是由于计算机辅助人体测量技术的出现，才使得量身定制尤其是大批量定制服装成为可能。

（3）电脑试衣

大型服装商场配置一台测量系统，可进行电脑试衣，避免顾客反复试衣、反复挑选服装的麻烦。即通过人体测量系统迅速测量出顾客的尺寸数据。确定顾客所穿服装的尺寸规格，同时建立顾客的三维模型，在电脑中进行服装试穿，直到顾客满意为止。

（4）三维服装 CAD 的基础

目前二维服装 CAD 技术相对成熟，而三维服装 CAD 技术正在研制开发中。其中三维人体测量技术是三维服装 CAD 技术的研究基础上。

3. 发展三维人体测量的重要意义

（1）三维人体测量技术的产生与发展提高了人体测量的精准性

服装合体性包括人体长、宽、厚的三维合体性，例如，工业和教学用的人台就是通过对人体的大量观察、计测、体型分类和比例推算而得。不同的人体体型存在很大的差异。以成年女性为例，即使在胸围、腰围、臀围等基本尺寸相同的条件下，也可能会有完全不同的体型，诸如在人体姿态、脊背曲线、臀位高低、胸部形状、腿型等方面都会有差异。传统的接触式测量无法识别人体体态变化，如曲线、线条的形状走势等，因此无法满足服装生产的合体要求。而非接触测量在这一点上占据优势，它可以通过扫描图像识别，得到人体表面的三维空间数据，满足上述要求。

（2）三维人体测量更加适应现代化服装工业发展的步伐

当今，对于服装和纺织行业来说，计算机辅助设计（CAD）和计算机辅助生产（CAM）这两个术语已成为变革的代名词。20世纪70年代以来，计算机技术在改进生产流程方面发挥了重要作用。近年来，服装行业利用 CAD/CAM 技术，又在探索产品设计与展示的新方法。当今服装市场对品种、质量及款式方面要求越来越高，为此每个服装企业都力求对这一市场需求做出快速的反应，而 Internet、PDM、网络数据库、电子商务等新技术的飞速发展将改变现有服装设计生产以及运营模式，使实现快速服装个性化定制成为可能。

最初的量身订制源自"Custom-Made"，也称手缝制服，在保证了服装的合体性和舒适性的前提下，也满足了消费者的个性化要求，但是个性化消费群体始终是小部分人群。而工业化量身定制系统（MTM）能够弥补这方面的空缺，将服装产品重组，以及服装生产过程重组转化为批量生产，有机地结合了"Custom-Made"的适体与"Ready-to-Wear"低成本的优势。其具体生产方式是由三维人体测量获得个体三维尺寸，通过电子订单传输到生产部 CAD 系统，自动生成样板，进入裁床形成衣片，最终进入吊挂缝制生产系统的快速反应生产方式。对客户而言，所得到的服装是定制的、个性化的；对生产厂家而言，是采用批量生产方式制造成熟产品。因此，MTM 生产方式解决了成衣个性化与加工工艺工业化的矛盾，成为最适应时代发展的服装业运行新模式。MTM 生产以高效生产、营销和服务为手段追求最低生产成本，用足够多的变化和定制化使用户实现个性化，最终使企业快速、柔性地实现企业供应链间的竞争。

（3）基于三维人体测量的三维服装 CAD 在服装设计、生产与销售等各个环节中都显示出前所未有的潜力

在服装设计方面，三维服装 CAD 根据人体测量数据模拟出人体，在虚拟人台或人体模型基础之上进行交互式立体设计，结合人模用线勾勒出服装的外形和结构线并填充面料，使服装设计更直观、更切合主题。同时，三维服装 CAD 可虚拟展示着装状态，模拟不同材质的面料的性能（悬垂效果等），实现虚拟的购物试穿过程。

在服装结构设计与生产方面，首先由自动人体测量系统获得的客户精确的尺码数据，通过网络传输到服装 CAD 系统，系统再根据相应的尺码数据和客户对服装款式的选择，在样板库中找到相应的匹配的样板最终进行系统的快速生产。例如，德国 TechMath 公司 Fitnet 软件系统从获取数据到衣片完成、输出最短仅需 8 s。

在服装展示方面，应用模型动画模拟时装发布会进行网上时装表演，减少了表演费用。时装发布会的网络传输，使得更多的人能够观赏，对于传播时尚信息也有非常重要的作用。

三维人体测量弥补了传统手工人体测量的不足，为三维服装 CAD 技

术——从三维人体建模、三维服装设计、三维裁剪缝合到三维服装虚拟展示的全过程提供基础数据支持。

（五）计算机辅助服装设计

服装 CAD 是在计算机应用基础上发展起来的一项高新技术。传统服装设计为手工操作，效率低，重复量大，而 CAD 借助于电脑的高速计算及储存量大等优点，使设计效率大幅度提高。据有关的数据统计和企业的应用调查显示，使用服装 CAD 比手工操作效率提高 20 倍。

1. CAD 系统原理

服装 CAD 即计算机辅助服装设计，是计算机在服装行业上应用的一个重要方面，也是利用计算机的软、硬件技术对服装产品、服装工艺，按照服装设计的基本要求，进行输入、设计及输出等的一项专门技术，是集计算机图形学、数据库、网络通信等计算机及其他领域知识于一体的一项综合性的高新技术。它被人们称为艺术和计算机科学交叉的边缘学科。服装 CAD 系统由软件和硬件两部分组成。

软件系统如下。

（1）设计系统：服装款式设计、服装面料设计、服装色彩搭配、服饰配件设计等。

（2）出样系统：运用结构设计原理在电脑上出纸样。

（3）放码系统：运用放码原理在电脑上放码。

（4）排料系统：确定门幅，设置好排料方案在电脑上进行自动或半自动排料。

硬件系统如下。

（1）计算机：对主机的配置要求不是很高，一般配置就可以。

（2）显示器：这是人机对话的主要工具。

（3）数字化仪：把手工做好的纸样通过数字化仪输入到电脑中去。数字化仪是将图形的连续模拟量转换为离散的数字量的装置,是在专业应用领域中一种用途非常广泛的图形输入设备。它是由电磁感应板、游标和相应的电子电路组成,能将各种图形,根据坐标值,准确地输入电脑,并通过屏幕显示出来。

（4）绘图仪:图形输出设备,把做好的纸样、放好码的纸样或者排料图,按照比例需要绘制出来,供裁剪工序使用。

（5）自动切割机:把做好的纸样按照需要的比例用硬纸板自动切割出来。

（6）打印机:把设计好的款式效果图或者缩小比例的纸样图、放码图、排料图打印出来。

2. 服装 CAD 系统发展现状

（1）服装 CAD 的应用现状

服装 CAD 是于 20 世纪 60 年代初在美国发展起来的,目前美国的服装 CAD 普及率已达到 90% 以上。据不完全统计,日本有近 6 000 家服装企业使用服装 CAD,普及率已达 80%,西欧为 70%。我国的服装 CAD 技术起步较晚,但发展的速度很快。目前国内开发的 CAD 软件已达到国外的技术水平,某些方面甚至超过了国外的技术水平。在普及方面,由于国内的软件成本低于国外的,所以推广的速度很快。近年有些企业抱着开放的态度,研发的 CAD 软件可在网上免费下载并且配有教学视频。

要想赢得并占领市场,其核心是"速度",而服装 CAD 则是快速环节中最不可或缺、可以先行的一个主要技术单元。服装 CAD 的运用可以切实改善企业生产环境,提高企业的竞争实力,最终提高生产效率,增加效益。发达国家服装企业运用服装 CAD 后,从面料采购到成衣销售的平均流程时间已降至 2 周,美国最快的仅需 4 天。产品设计与制作周期的缩短，使生产效率基本上达到传统的 3 倍。

（2）国内外主要服装 CAD 系统简介

表 4-1　国外服装 CAD 系统简介

名称	国家	基本功能
格博（Gerber）	美国	AccuMark 系统，快速实现制板、放码、排料。系统提供一系列基本样板，根据设计需要来调用和修改基本样板，也可以选择在屏幕上重新生成样板。系统可以根据客户自己的放缩规则来进行相应的设定，从而实现精确的样板放缩操作。系统还包括了一个包含各种标准放缩样板的数据库，让用户可以十分便捷地完成定制
力克（Lectra）	法国	运用平面图打板概念，以工作层的方式进行裁片设计。建立一件服装相关联裁片间的联结，即当一个裁片修改后，相关联的裁片会自动作相应的变更。可预先储存的规则或参考已有放缩规则进行新样板的制作、修改或复制放缩规则。排料系统可处理不同布料（素面、格子、印花），满足不同铺面方式，直接在排料图建立成衣档案，直接联系 Optiplan Ⅱ 裁剪大师进行裁剪计划。
派特（PAD）	加拿大	PAD 可直接方便地利用已有式样和样片制作新服装，独特的纸样草图和可拆开的样片，简便易懂的纸样修改工具，能同时修改所有的样片。用彩色标出所有型号放码，30 秒内快速建立新排料，同时显示样片输入电脑、放码和排料视窗。任何变动不影响自动放码，即依据成衣尺寸放码自动加缝份、刀眼和放缩样片。快速和及时地自动排料，同时显示纸样和自动排料视窗，无限制地同时自动排料目录
艾斯特（assyst）	德国	Assyst 系统能自动检测样板、自动复合校对样板、模拟样衣试缝、自动生成粘合衬等；提供 7 种放码方式，满足不同款式的自动放码；自动排料模式，自动生成辅料唛架，确定裁剪路径，节省面料，为自动化裁剪做准备
旭化成（AGMS）	日本	AGMS 制板功能中配备有自动执行进一步展开步骤的宏功能，系统除了自带有 5 种常用的曲线外，还允许设计者添加曲线库，同时配有多种高精确度的度量工具，这对于高级成衣制板非常有利。AGMS 主要采用文字式的放码方式，可以保证曲线的精度和形状，最适合女装、西装、礼服等。AGMS NESTER 系统可在短时间内（1～99 min）获得利用率高的排料图，可以在无人操作的情况下工作，还可以在夜间独立工作
艾维（Investronica）	西班牙	可以自由起板，提供丰富打样工具，可快速绘制各种要求的线段、曲线。具有随时更改放码基准点功能和随时更改纸样布纹方向及增加辅助点功能。排料系统具有独有的排料图永不叠片功能。数据资料采用 Microsoft SQL 数据库进行统一管理，支持国际通用 CAD 文件格式转换

表 4-2　国内服装 CAD 系统简介

名称	企业	基本功能
航天（Arisa）	航天工业总公司 710 研究所	Arisa 系统打板系统集自由打板和公式打板于一身，特有的自动修改功能使修板时只要输入数据，相关的各部位线条即自动调整到合适状态。放码系统以其放量精准、曲线圆顺度和保型性精良而著称，任意多个码号均不变形。排料系统以其高精度的算法和快捷的操作方式而大幅提高工作效率，且用布率亦得到提升
布易（ET）	布易科技有限公司	ET 提供从要素设计到裁片设计全程支持的设计工具，可以轻松完成省道、褶、转省、圆顺和展开等各种复杂工艺设计，具有高度的智能化，并全程自动维护。可提供点规则放码、切开线放码和混合放码等多种放码手段，还提供多种智能化的推板处理技术，使推板的效率大幅度地提高。人工智能排料无疑是最实用、最优秀的。ET 提供了最稳定最优化的压片和滑片排料模式
日升天辰（NAC）	北京日升天辰电子有限公司	日升系统的曲线设计功能强大，可以自由任意地切取、剪断、延伸而不改变形状，亦能加点、减点作任意拼合、变形、相似、放缩等处理，并能准确地测量。可以自行设计常用曲线库（如袖窿曲线、领曲线等），并将完美无缺的曲线入库，随时调用。独特的切开线推板方式，可通过三种类型的切开线对片的各个部位进行缩放，适合于各种款式的服装放码。提供多种排料方式，为用户完成最佳排料提供了坚实的保证
富怡（Rich Peace）	深圳盈瑞恒科技有限公司	可以在计算机上起板、放码、也能将手工纸样通过数码相机或数字化仪读入计算机，之后再进行改板、放码、排板、绘图，也能读入手工放好码的纸样，提供公式法和自由设计等三种开样模式，快速绘制各种要求的直线、曲线。系统提供了多种放码方式，如点放码、规则放码、线放码和量体放码，快速实现纸样缩放。纸样设计模块、放码模块产生的款式文件可直接导入排料模块中的待排工作区内，对不同款式、号型可任意混装、套排，同时可设定各纸样的数量、属性等，提供手动式、全自动式和人机交互式三种排料方式
爱科（Echo）	杭州爱科电脑技术有限公司	可以自由起板，提供丰富打样工具，并快速绘制各种要求的线段、曲线。同时具有随时更改放码基准点功能和更改纸样布纹方向及增加辅助点的功能。排料系统独有的排料图永不叠片功能。数据资料采用 Microsoft SQL 数据库进行统一管理，支持国际通用 CAD 文件格式转换
丝绸之路（SILKROAD）	北京丝绸之路服装 CAD 有限公司	系统工具均以形象图表示，多种方式的板型编辑：操作随心所欲的点线集合制图、高智能化的自动结构设计、完全高效的数据库导入法。多种放码方式加以多重纠错保障手段，高效实现样板推挡。采用系统自动排料、手工排料、人机交互排料，精确控制裁片重叠、间隔、旋转、分割、替换、复制等最大限度地节约用料、估料，自动显示排片信息、排料报表等，保证排料的准确
时高（SIGAO）	浙江纺织服装科技有限公司	提供参数化打板和非参数化打板两种方式，打板系统里设计的衣片可转换到工艺系统里与工艺结构图或款式结合，生成裁剪图、款式图、尺寸表"三位一体"的文件。把一些放码点的放码规则存放在一个规则库内，用户可以根据自己的习惯选用及修改，也可以按库内规则自动放码。系统有全自动排料和计算机辅助排料，其中全自动排料用于估料，辅助排料用于落料生产

续表

名称	企业	基本功能
突破（TUPO）	上海突破计算机科技有限公司	独有的软件数据格式，智能换算、联动修改造型和尺寸，适用于企业运用模型概念制版，相近款式或者同类系列款式，只要修改另存为新版。多种排料方式，用布成本低，显示用布率、用料长度，可对排料衣片作旋转、翻转、分割等处理，最大限度地合理排料
至尊宝纺（MODASOFT）	北京六合生科技发展有限公司	提供用户以数字化仪方式快速读入纸样，读入后的裁片，可直接进行放码、排料。3 种坐标输入方式，10 种点捕捉方式，近 30 种点、线绘图工具，独有的样片取出功能，采用智能模糊技术。四种放码方式，以净边放码，符合服装放码的原理。采用最新的模糊智能技术，结合专家排料经验，大大改进用料率。所有排料数据可被 MODA SoFT 服装 MIS 管理系统直接调用

（3）我国普及服装 CAD 存在的障碍

通过调查统计，已引进服装 CAD 的企业约 2/3 从购买起就一直使用，1/3 处于闲置状态。在一直使用 CAD 的企业中，尚有 1/2 不能完全利用其功能。服装 CAD 为利用得较好的企业带来了巨大的经济效益。据有关资料介绍，日本数据协会对近百家 CAD 用户的有关应用效益的调查表明：90%的用户改善了设计精度；78%的用户减少了设计、加工过程中的差错；76%的用户缩短了产品开发周期；75%的用户提高了生产效率；70%的用户降低了生产成本。但在我国，由于种种原因使有些企业的 CAD 处于闲置，不能创造出经济效益，因此我国服装 CAD 普及的现状是不容乐观的，且 CAD 普及过程中存在的障碍也是多方面的。

1）心理障碍

购买服装 CAD 的企业，许多是未经技术论证而盲目购置的，这使购进的系统无益于企业自身生产，造成不能完全利用其功能，有的甚至闲置不用，从而造成其心理上的障碍，致使部分服装企业主对这项先进技术有很大的抵触情绪。同时这种抵触情绪又会使其他准备引进 CAD 的企业心存芥蒂，抱有一种观望态度，不敢贸然投资，从而造成服装 CAD 普及过程中的恶性循环。

2）企业对服装 CAD 性能了解不够

目前中国服装 CAD 市场上的国内、国外厂商很多，都看好中国市场。但是，有些服装 CAD 开发商、经销商、代理商缺乏行业自律，在销售过程中互相诋毁，对竞争对手的诋毁大于对自身的宣传，致使服装企业对 CAD 的性能不够了解，从而丢失很大的市场。

（4）我国普及推广服装 CAD 的策略

服装 CAD 的在我国服装企业中的普及与应用是一项系统工程，需要开发商、经销商和使用者（服装企业）三方的共同努力。开发商、经销商应从以下方面开展工作。

1）国产 CAD 软件的稳定性、专业化程度需要提高

国产服装 CAD 软件价格普遍比国外软件有一定优势，但在稳定性、兼容性等方面稍显不足。由于国内企业开发 CAD 起步较晚，在软件开发上更注重打板系统的开发，而对放码、排料以及款式设计系统的开发力量投入不足。同时，国内服装 CAD 软件开发商多为电脑技术公司，企业内部服装专业人才欠缺，致使软件的专业化程度不高。因此，服装 CAD 开发企业应积极引进服装专业技术人才。走软件开发人才与服装专业人才相结合的道路。

2）国外 CAD 软件需要适当调低价格

由于国外率先进入服装 CAD 领域且目前他们仍然处于领先地位。所以国外软件价格偏高是可以理解的，但是国外软件的价格普遍超过了国内服装企业的接受范围，所以影响了这些软件的使用和推广。因此国外软件若想在我国服装业占领更大的市场，多数的服装 CAD 软件需要适当调整价格，以便使更多的用户可以购买这些产品，进而推动服装 CAD 的普及与应用。

3）服装 CAD 应积极走进教学场所

服装 CAD 软件作为服装行业的先进工具早已引起了服装类院校的重视。许多院校都开设了服装 CAD 这门课程。服装 CAD 教学，一方面加

强了软件的宣传力度，另一方面培养了大批的潜在用户。这是值得每个服装 CAD 开发商争取的商业契机。所以服装 CAD 开发商、经销商应积极支持服装院校的 CAD 教学，为自己做产品宣传，同时也为自己培养更多的潜在用户。

　　4）服装 CAD 的售后服务需要加强

　　售前清楚、准确、真实地解答客户对产品的咨询，让客户能够针对自己的需求去购买称心如意的产品。售后能够确保用户良好使用，及时解决用户在使用过程中出现的疑难问题，采纳用户的合理化建议，进一步改进产品。针对不同的服务对象，采用售前培训、售后培训、开设培训班或使用网络培训、函授培训等方式，切实提高售后服务质量。

　　服装企业也应从以下方面着力推进服装 CAD 的普及应用。

　　实事求是，结合企业自身情况，克服盲目性。服装企业尤其是中小型服装企业在引进服装 CAD 时，必须根据自身情况，重视 CAD 的应用。切忌盲目购置。如生产加工型服装企业，引进 CAD 主要缩短产品生产周期，提高生产效率，对软件精度要求较高，以引进国外软件和配套硬件（输出设备、自动裁床等）较适宜；而从事外贸经营的服装企业，引进 CAD 主要是进行面料利用率的计算，核算成本，以引进国产软件较为适宜。

　　技术论证应从必要性和可行性两个方面进行。服装企业在引进服装 CAD 时，应根据企业自身实际能力，对是否有必要引进，以及是否有能力消化这项技术做好充分的调研和论证。服装 CAD 虽有诸多方面的优越性，但并非每个服装企业都必须引进的；有些服装企业虽有必要引进，但其生产能力、技术力量和经营状况没有达到引进 CAD 的技术要求。

　　3. 服装 CAD 系统在板房中的应用

　　板房是服装企业的重要技术部门之一，它既要对上游的设计部门负责，制作出与设计师的设计完全一致的样衣，又要对下游的生产部门负责，制作出批量生产中号型齐全的服装工业样板。一般来说，板房的基本职责包含两大部分：制板和车板，即完成纸样绘制和样品制作。根据企业实际情况往往分为头板（初板、开发板）、二板（头板的修改板）、大板（经过头板和二板修改后的正确样板）、产前板（大货生产前的确认板）、跳码板（大货产前的齐码或者选码板）和大货板（用于大货生产的样板）等，比较重要的是头板、二板、大板和大货板。

传统的服装企业板房的工作强度大、信息化程度较低，需要打板师手工打板、车缝样品、放码等。由于在大货生产前要多次修板，各个部门间需要信息共享，所以板房数字化和信息化建设势在必行。随着服装 CAD 技术的普及与应用，规模以上服装企业均配备了服装 CAD 系统，大大降低了板房的劳动强度，提高了工作效率。服装 CAD 系统在企业板房中的应用主要包括开样、放码、排料和纸样的输入输出等。

（1）开样系统（以国内知名品牌富怡研发的 V9 版为例）

纸样的生成，有三种方式。

1）自动打板

软件中存储了大量的纸样库，能轻松修改部位尺寸为订单尺寸，自动放码并生成新的文件，为快速估算用料提供了确切的数据。用户也可自行建立纸样库。

2）自由设计

智能笔的多功能。一支笔中包含了 20 多种功能，一般款式在不切换工具的情况下可一气呵成。

在不弹出对话框的情况下定尺寸。制作结构图时，可以直接输数据定尺寸，提高了工作效率。比如就近定位（F9 切换），在线条不剪断的情况下，能就近定尺寸。

自动匹配线段等份点。在线上定位时能自动抓取线段等份点。

鼠标的滑轮及空格键。随时对结构线、纸样放缩显示或移动纸样。

曲线与直线间的顺滑连接。一段线上有一部分直线、一部分曲线，连接处能顺滑对接，不会起尖角。

调整时可有弦高显示。

合并调整。能把多组结构线或多个纸样上的线拼合起来调整。

对称调整的联动性。调整对称的一边，另一边也在关联调整。

测量。测量的数据能自动刷新。

转省。能同心转省、不同心转省、等份转省、一省转多省、可全省转移也可按比例转移、转省后省尖可以移动也可以不动。

加褶。有刀褶、工字褶、明褶、暗褶，可平均加褶，可以是全褶也可以是半褶，能在指定线上加直线褶或曲线褶。在线上也可插入一个省褶或多个省褶。

去除余量。对指定线加长或缩短，在指定的位置插入省褶。

螺旋荷叶边。可做头尾等宽螺旋荷叶边，也可头尾不等宽荷叶边。

圆角处理。能做等距离圆角与不等距圆角。

剪纸样。提供填色成样、选线成样、框剪成样的多种成样方式，以及成空心纸样功能。并且形成纸样时缝份可自动生成。

缝份。缝份与纸样边线是关联的，调整边线时缝份自动更新。等量缝份或切角相同的部位可同时设定或修改，特定位置的缝份也是关联的。

剪口的定位或修改。同时在多段线上加距离相等的剪口、在一段线上等份加剪口，剪口的形式多样；在袖子与大身的缝合位置可一次性对剪口位。

自动生成补、贴。在已有的纸样上自动生成新的补样、贴样。

工艺图库。软件提供了上百种缝制工艺图。可对其修改尺寸，并可自由移动或旋转放置于适合的部位。

缝迹线、绗缝线。提供了多种直线类型、曲线类型，可自由组合不同线型。绗缝线可以在单向线与交叉线间选择，夹角能自行设定。

3）数码纸样导入

用边框定格（约 2 cm/格），把纸样用磁铁固定铺平，再用相机拍摄，通过富怡 V9.0 版的 CAD 读取纸样，自动生成 1∶1 比例纸样。便捷好用，特别适合立体裁剪纸样导入。

（2）放码系统

放码系统主要完成对工业用纸样的放缩处理，企业中又称样板推挡，是以某一规格的服装纸样为基础，对同一款式的服装，按照国家号型标准规定的号型规格系列，有规律地进行放大或缩小得到若干个相似的服装纸样。

计算机辅助放码是在手工放码方法的基础发展起来的。目前，服装 CAD 软件中的放码方法主要有以下三种。

1）点放码

手工放码的常用方法，利用纸样放缩的基本原理，针对纸样的放缩点逐点放缩。放码系统中需要首先根据实际需要编辑号型，然后选择裁片根据放码规则逐点放缩。

2）线放码

在纸样中引入恰当、合理的分割线，然后在其中输入切开量（根据放码量计算得到的分配数）。切开线的位置和切开量的大小是其关键技术。在计算机辅助放码过程中，需要整体掌握裁片的 X、Y 方向的档差，有选择地输入水平、垂直、平行放码线。

3）量体放码

通过指定纸样上几个关键尺寸与号型尺寸的对应关系，系统自动算出各码的放缩量。先建立各号型尺寸数据表，再运用量体放码工具对指定位置进行测量。

以上三种方法是计算机辅助放码的常用方法，其中点放码最准确，适合各类型服装放码。线放码最快捷，适合结构简单、裁片规则的服装放码。量体放码最简单，适合于裙装和裤装的放码。

（3）排料系统

排料系统是与企业生产任务结合最紧密的 CAD 模块。排料系统的实施主要依赖于服装裁剪方案的制定。

计算机辅助排料系统是服装 CAD 系统最早开发的模块,有效解决了手工排料效率低下、错误率高和面料利用率低的问题。目前服装 CAD 排料系统提供多种排料方式,以满足不同类型服装企业的需求。

1) 自动排料

系统按照事先设置的数学计算方法,将裁片逐一放置到优选的位置上,直到把所有待排裁剪纸样排完。该方法克服了自动排料利用率较低、手工排料耗时费力的缺点,系统可以在短时间内完成一个唛架,利用率甚至可以超过手动排料。可以避垂直,水平及混合色差,还可以同一时间几个唛架同时排料,节省时间,提高工作效率,多用于服装生产企业正式的裁剪过程。

2) 手工排料

利用鼠标或键盘拖动待排裁片到优选位置,直到把所有待排纸样排完。手动排料操作简单,用鼠标或快捷键就可完成翻转、吃位、倾斜,但该法耗时费力,很少使用。

3) 人机交互式排料

先利用计算机自动排料,待所有待排裁片排完,再根据情况进行手动调整,直到满意为止。

4) 分段排料

针对切割机分段切割可分段排料。

可跟随先排纸样对条格。也能指定位置对条格,手动、自动排料都可能对条格,并检查出纸样间的重叠量。

算料(估料)功能,可以精确地算出每一定单的用料(包括用布的长度和重量),并可自动分床(或手工分床),大大降低工厂成本损耗。

系统根据不同布料能自动分离纸样。

5) 刀模排板

针对用刀模裁剪的排料模式,刀模间可倒插排、交错排、反倒插排、反交错排。

6）关联

在排好的唛架后，纸样有改动时唛架能联动。

（4）绘图

1）输出风格：有绘图、全切、半刀切割的形式。

2）绘图线型：净样线、毛样线、辅助线绘制线类型可分开设置。

3）选页绘图：指定绘制其中的部分唛架。

4）唛架头：绘图时可在唛架头或尾绘制唛架的详细说明。

5）绘图前自检：如果唛架上有漏排或同边或非同种面料的纸样，系统能自动检测到。

（5）纸样输入与输出

1）纸样输入设备

在服装 CAD 系统中，往往采用大型数字化仪和相机作为服装纸样的输入工具，因此大幅面数字化仪是服装 CAD 系统的重要外设之一。应用于服装 CAD 的数化板规格一般有 A00、A0、A1、A2、A3 和 A4 等，其中 A00 最大，用得较少，多数服装厂（如制服、女装或衬衫厂）主要适用 A0 板，而一些内衣、帽或其他服饰品的企业适用小的数化板，如 A3 板。因此要根据用户生产的产品类型、纸样的大小来选配数化板的规格。

在服装 CAD 系统中输入纸样时，首先要把纸样平铺在图形板上，然后沿纸样的轮廓线移动鼠标，只要将衣片轮廓上各个有代表性的点输入到计算机内就可以。同时利用鼠标定位器上附加小键盘，把该点的附加信息（如省尖点、放码点、扣位等）输入计算机内，这样在放码软件中就会形成一个完整的纸样，并可对纸样做进一步的修改或放码。相机拍照输入，相机像素要达 1 500 万像素以上，且对摄影的方法也有相应的要求。

2）纸样输出设备

常用的纸样输出设备包括打印机和绘图仪。打印机主要用于打印报表、尺寸表、规格表和小比例纸样。一般按 1∶1 纸样输出往往用绘图仪。绘图仪是一种输出图形的硬拷贝设备，在绘图软件的支持下可绘制出复杂、精确的图形，是各种计算机辅助设计不可缺少的工具。绘图仪的性能指标主要有绘图笔数、图纸尺寸、分辨率、接口形式及绘图语言等。绘图仪一般是由驱动电机、插补器、控制电路、绘图台、笔架、机械传动等部分组成。绘图仪在成套的服装 CAD 系统中占有重要的地位。

（六）计算机辅助工艺计划

计算机辅助工艺计划（CAPP）是现代制造业的重要技术。服装 CAPP 是利用计算机技术将服装款式的设计数据转换为制造数据，是连接服装设计系统与制造系统的桥梁，是替代人工进行服装工艺设计与管理的一种技术，是服装企业信息化的重要内容之一。

服装 CAPP 系统主要由信息输入模块、工艺数据库模块、输出系统模块构成。其中工艺数据库模块是工艺设计的核心，是随服装环境变化而多变的决策过程。

1. 服装 CAPP 发展状况

（1）第一代 CAPP 系统

从 20 世纪 80 年代开始。CAPP 的研究重点是实现工艺设计的自动化。在相当长时间内，CAPP 系统一直以代替工艺人员的自动化系统为研究目标，强调工艺决策的自动化，开发了若干派生式、创程式，以及检索式的 CAPP 系统。这些系统都以利用智能化和专家系统方法，自动或半自动编制工艺规程为主要目标。至今为止国内外还没有兼具实用性和通用性的真正商品化的自动工艺设计的 CAPP 系统。20 世纪 90 年代中期以来，主流的 CAPP 系统开发者已基本停止了这类系统的研制。

（2）第二代 CAPP 系统

20 世纪 90 年代中期开始，CAPP 系统开始针对基于服务顾客、优先解决事务性、管理性工作理念进行开发。这类系统以解决工艺管理问题为主要目标。CAPP 系统在实用性、通用性和商品化等方面取得了突破性进展。第二代 CAPP 系统对企业需求进行了认真分析，并在认真分析顾客需求的基础上，以解决工艺设计中的事务性、管理性工作为首要目标，先解决工艺设计中资料查找、表格填写、数据计算与分类汇总等烦琐、重复而又适合使用计算机辅助方法的工作。第二代 CAPP 系统将工艺专家的经验、知识集中起来指导工艺设计，为工艺设计人员提供合理的参考工艺方案，但与 CAD/CAM/ERP 等系统共享信息方面有所局限。

（3）第三代 CAPP 系统

1999 年至今，CAPP 系统可以直接由二维或三维 CAD 设计模型获取工艺输入信息，基于知识库和数据库，关键环节采用交互式设计方式并提供参考工艺方案。此类系统在保持解决事务性、管理性工作优点的同时，在更高的层次上致力于加强 CAPP 系统的智能化能力，将 CAPP 技术与系统视为企业信息化集成软件中的一环，为 CAD/CAPP/CAM/PDM 集成提供全面基础。现有的 CAPP 系统在解决事务性、管理性任务的同时，在自动工艺设计和信息化软件系统集成方面也已经开展了一些工作。如兼容某些典型衣片的派生式工艺设计、基于设计模型可视化工艺尺寸链分析等工作。

2. 国内外服装 CAPP 研究现状

在国外一些发达国家，服装 CAPP 技术已应用于众多的服装企业。美国于 20 世纪 90 年代初制定了"无人缝纫 2000"的服装工业改造计划，计划针对传统服装制造业的滑坡现象，强调了服装生产的工艺流程高度自动化，提高生产效率和缩短加工周期，以适应日趋激烈的市场需求。法国力克公司与日本兄弟公司联合推出的服装 CAD/CAM/CIMS 系统 BL-100。

该系统可以自动编制生产流程、自动控制生产线平衡，并能参照企业现有的设备重新组织生产线和编排新的生产工艺。美国格博公司推出的IMRACT-900 系统，该系统的工艺分析员可根据确立的设计款式，进行工艺分析、工序分解，将作业要素转化为动作要素，利用系统提供的动作要素和标准工时库，计算该产品的总工时及劳动成本；并可根据面料的厚度、针迹形态及缝纫长度、设备性能、机器类型，计算缝纫线消费量，计入该产品的原料成本，从而快速准确地完成产品的工序工时分析及成本分析；还可将此分析结果下载 FMS 系统，为吊挂生产系统提供调度信息，使生产信息达到集成。

　　同国外发达国家相比，我国对服装 CAPP 的研究起步较晚。"八五"期间由国家科委下达了"服装设计加工新技术"攻关计划，后又列入国家"863"高科技发展计划。虽然经过了 20 余年的发展历程，但其至今仍是计算机辅助技术领域的薄弱环节，也是企业实施推广计算机集成制造系统（CIMS）的瓶颈所在。近几年，CAPP 的研究开始注重工艺基本数据结构及基本设计功能，如时高服装 CAD/MIS 集成系统基本实现了由 CAD 向CAPP 的过渡，缩短从接单—工艺文件制作—打板排料—缝纫工段投产的周期。目前，较为完善的服装 CAPP 系统具备了工艺单的制作、生产线的平衡、生产成本的核算、计件工资计算等功能，后台有强大的数据库支持，除了制作工艺单常用的资料（如各类国家标准、缝口示意图、设备资源库、各种服装组件网等），还具有典型工艺库、典型工序库，极大地提高了生产效率，同时优化了服装工艺。

（七）服装产品生命周期管理系统

　　服装企业的生产特点决定了其生产管理上的复杂性。要应对快节奏的市场变化，加快产品的上市时间，就要组织好与产品相关的各个环节的工作，使之得以高质高效地完成。产品生命周期管理的出现正好有助于解决信息化时代服装企业产品管理数据繁多、难以有效进行管理的瓶颈。

1. PLM 系统原理

产品生命周期管理系统（PLM）是帮助企业应对市场竞争、快速推出新产品的管理系统。它是 PDM 与 CAD/CAM 乃至 ERP/SCM 等的集成应用，是一种系统解决方案，旨在解决制造业企业内部以及相关企业之间的产品数据管理和有效流转问题。

PLM 是一项企业信息化战略，它描述和规定了产品生命周期过程中产品信息的创建、管理、分发和使用的过程与方法，给出了一个信息基础框架，来集成和管理相关的技术与应用系统，使用户可以在产品生命周期过程中协同地开发、生产和管理产品。产品生命周期原本是一个经济学概念，是美国哈佛大学教授雷蒙德·弗农于 1966 年在其《产品周期中的国际投资与国际贸易》一文中首次提出的，指一种新产品从开始进入市场到被市场淘汰的整个过程。典型的产品生命周期一般可以分成四个阶段，即培育期、成长期、成熟期和衰退期。

（1）从战略上说，PLM 是一个以产品为核心的商业战略。它应用一系列的商业解决方案来协同化地支持产品定义信息的生成、管理、分发和使用，从地域上横跨整个企业和供应链。从时间上覆盖从产品的概念阶段一直到产品结束它使命的全生命周期。

（2）从数据上说，PLM 包含完整的产品定义信息，包括所有机械的、电子的产品数据，也包括软件和文件内容等信息。

（3）从技术上说，PLM 结合了一整套技术和最佳实践方法，如产品数据管理、协作、协同产品商务、视算仿真、企业应用集成、零部件供应管理以及其他业务方案。它沟通了在延伸的产品定义供应链上的所有的OEM、转包商、外协厂商、合作伙伴以及客户。

（4）从业务上说，PLM 能够开拓潜在业务并且能够整合现在的、未来的技术和方法，以便高效地把创新和盈利的产品推向市场。

服装 PLM 系统一般分为产品设计、产品数据管理和信息协作三个层次。

① 产品设计层：包括用于概念开发、样板开发、放码、排料和 3D 设计的软件。在产品设计的过程中，产品线规划需要收集并整理从产品概念到产品生产的开发项目，以及所开发产品详细的可视款式和规格信息，如参数和样品等详细资料。

② 产品数据管理层：收集并整理设计层信息，供其他部门应用。应用它能够对面料、规格、成本和信息要求、图像管理、工作流程等方面进行控制，并在公司范围内数据共享；同时维护所有数据库数据，包括技术规格、颜色管理、物料清单和成本计算等；另外还对各类产品及其资料图板、数据和各类报表进行管理。

③ 信息协作层：它有效控制和管理产品供应链上的信息。主要由工作流程、样品追踪、合作伙伴许可认证以及向零售商、品牌开发商、供应商及工厂发布必要信息时所用的工具的优化集成。

2. PLM 对服装企业的重要意义

PLM 在服装企业的实施给其带来一系列改变，包括缩短产品上市时间、在设计阶段发现错误以避免生产阶段昂贵的修改费用、在产品推向市

表 4-3 应用 PLM 带来的效益

应用方向	产生的效益
开发成本	降低了 10%~20%
材料成本	节省了 5%~10%
制造成本	降低了 10%
库存流转率	提高了 20%~40%
生产率	提高了 25%~60%
进入市场时间	提升了 15%~20%
保证质量费用	降低了 15%~20%

场的过程中减少参与人员的重复劳动、提取产品数据作为新的信息资源等。一些国际知名服装品牌如 Nike、FILA、GUCCI 等应用 PLM 系统实现了企业的大发展。据行业顾问公司 KSA 的调查显示，国际知名服装企业实施 PLM 后，带来了以下的经济效益。

（1）及早获悉进料及成本状况

使用 PLM 前，最后获悉生产线构成的是进料经理；另外，面辅料的供应商也不能及时准确地提供服装企业所需要的材料。

通过 PLM 的解决方案后，进料和生产经理能够及早看到开发的款式，使他们能够对生产厂家进行评估并制定初步的生产计划；同时便于进料经理查看材料供应商在质量、成本、及时交货等方面的信息，了解他们以前各季度的表现。此外，向生产厂家发送成本要求前，服装企业可以制定运行报告，说明当前已分配给该生产厂家的业务量，从而确定生产能力。

（2）调整生产线规划

使用 PLM 前，制定服装的款式、类别、存货和生产线等综合预测分配任务时，繁复的工作很容易使企划人员造成遗漏或重复。

使用 PLM 后，这一切均可以在 PLM 解决方案内通过对现有和历史产品及周期性信息进行统一访问来实现。工作人员通过回顾上季度业绩，确定哪些产品类型成功，哪些价位实现了可行利润，然后将此类数据与最新趋势相结合进行分析，为企划人员提供了整个生产线的可视化操作手段。

（3）利用信息库，加快设计速度

服装企业每季度续用的款式一般高达 20%左右，设计师为了修改这些款式而花费了很多时间以致不能集中于设计新的产品。同时，由于各部门独立工作也造成资源和时间上的浪费。

导入 PLM 系统后，设计师可以方便地浏览和使用资料库中以往的产品信息；利用信息库能在一个组件更新后自动更新所有的相关款式，并及时通知到其他部门成员，让他们能够就款式、面料、工艺和色彩等进行及时沟通。

（4）节约管理成本

在使用 PLM 方案前，服装企业各部门都是相对独立的工作，在生产过程中很容易出现工作的交叉和重复，从而增加管理费用。

应用 PLM 系统后，可杜绝不必要的会议、流程交接等，使用网络来持续监督生产进度，并能为服装企业中所有团队成员提供标准化的产品规范。

3. 服装企业实施服装 PLM 解决方案

（1）选择适合服装企业自身的 PLM 供应商

选择一个好的 PLM 系统供应商，对于 PLM 的成功实施至关重要。好的供应商同时也是企业的一个长期合作的伙伴，因此服装企业应根据自身情况选择合适的 PLM 供应商。

① 在多个供应商之间进行比较，切忌盲从

服装企业在选择 PLM 供应商时应先从专业咨询公司获取对供应商的评估资料，选择几个目标供应商进行深入的考察和比较。选择系统特色与自己的业务需求最为贴近的系统，并要求系统供应商进行一定程度的二次开发。另外，最好选择在服装行业有实施经验的供应商。

② 对投资效益进行衡量与分析

PLM 给企业带来收益的同时，其成本投入也是企业必须考虑的问题。引入 PLM 的所有模块，对企业的业务流程进行大规模的改革所带来的成本并不是所有企业都可以承受的。企业可以分步进行 PLM 系统的实施，根据自己的情况和实施重点，选择最需要的模块以及在该模块方面有特长或有丰富实施经验的供应商，以较少的成本来获取最大的收益。

例如，Nike 公司对应用 PLM 十分慎重，经过多次深入调查研究，针对其经营范畴和实施重点最终选择了美国参数技术公司（PTC）为其提供PLM 解决方案。

（2）结合服装企业自身实际情况确定 PLM 的实施目标

PLM 的实施需要详细、可操作的计划，而实施计划的制定需要着眼于选定的实施目标。在制定实施计划时以选定的实施目标为中心，将实施目标逐步细分为企业的实际需求，使实施计划的着力点与企业的需求相一致。在制定实施计划阶段，应该关注企业选定的实施目标，避免大范围的流程重组。

例如，FILA 公司是一家从事运动服装的知名品牌公司，由于在近年来对体育装配产品的不断延伸，出现了研发过程中遇到大量的图像、数据，以及信息数据管理的问题。FILA 公司采用了 PTC 公司针对其实际问题而提供的 PLM 解决方案，正是因为 PTC 公司实施计划的着力点与 FILA 提出的需求相一致，关注了它的实施目标，使 FILA 缩短了上市时间，降低了产品的开发成本，同时提高了产品的质量和信息交换的能力。

（3）加强人员的培训，以及与供应商的沟通。计划只有通过严格执行才能达到预期效果，而实施计划的执行过程需要实施公司和企业相关人员的相互配合，需要多方人员之间的相互交流。

① 对项目组成人员进行系统培训。企业人员培训是系统上线前的一个必要步骤。根据工作态度来挑选系统管理组人员，对他们进行培训以提高其技能。因为系统管理人员要负责整个 PLM 系统的安装、维护、配置、运行、备份等工作。所以，各部门的业务骨干，必须进行 PLM 技术系统教育和培训，全部人员共同学习。互相交流。这样，通过他们将企业需求和 PLM 技术结合起来，达到 PLM 项目实施的最终成功。

例如，法国 Sergent Major 童装公司在应用 Gerber 公司提供的 WebPDM 系统时，花大量时间对员工进行系统培训。对于这家以创新为价值取向的公司而言，积极帮助员工接受并理解流程改变的必要性正好与其企业文化相一致。对员工进行反复培训，讲解新流程的必要性比起指令性的方式更有利更高效。

② 及时与供应商进行技术交流。LM 系统与其他信息系统相比，技

术含量更高，这增加了企业人员理解和使用的难度。服装企业要想达到应用 PLM 系统的目的，一定要在实施 PLM 过程中与供应商紧密配合，积极沟通，实现知识转移，最终达到双赢。

可以在项目实施后分阶段开展实施报告会，邀请供应商，以及企业重要的项目关系人参加，对项目实施后的情况进行交流并获得帮助。PLM 解决方案，加上适当的技术交流，能够打破产品设计中的各个部门之间的隔离，能够增强供应商与服装企业之间的协同。通过协同，实现产品设计和系统项目实施的正确和及时，避免失误和延迟，提高服装企业的竞争地位。

PLM 对于我国服装企业来说是一次革命，它将改变服装领域的知识总量、存在的形式和传播的方式。它利用计算机、网络、数据库、软件等使服装企业的设计、生产、经营、管理等方面发生新的改变，提高竞争力。虽然目前 PLM 在服装行业尚未达到广泛的应用，但随着它良好的发展势头，它将吸引更多服装企业的关注并大幅度提高服装企业的经营效率和核心竞争力。

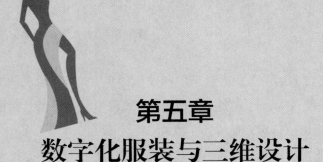

第五章
数字化服装与三维设计

　　随着社会经济的发展和人类文明的进步,服装经历了从最初的树叶遮体到个性时尚的巨大转变,其功能从单纯的驱寒保暖上升到体现时代精神、张扬个性的高度,服装的设计与生产方式也从手工作坊式逐步发展到工业化生产,以及批量定制式,尤其是计算机网络技术和信息技术的普及和应用,给制造业带来了翻天覆地的变化,传统的服装产业向数字化方向迈进了一大步。

　　第一,服装设计与生产方式发生了巨大变化。服装 CAD/CAM、服装自动吊挂系统的普及与应用大大提高了服装设计与生产的效率、缩短了服装产品开发周期,使服装企业的快交货、短周期成为可能。

　　第二,服装流行传播方式和服装营销模式发生了根本性变化。伴随着计算机网络、移动互联等技术的进步和大规模应用,服装流行的传播方式已从单一的 T 台秀演变成如今的多种方式,人们可以随时随地通过移动终端获取时装流行资讯。同时,服装营销模式也发生了巨大变化,网络购物日益成为人们的购物习惯。

　　第三,服装企业的经营管理方式开始发生根本性变革。服装 ERP/PLM 等系统的应用、服装 IE 工程、服装单件流生产方式,以及分层生产方式的推广,使服装企业实现精益生产管理成为可能。

第四，消费者的消费行为发生了很大的变化。消费者购买的可选择性增强，从原来的区域性选择转变为全球性选择，其需求也从过去的物美价廉、满足基本生活需要转变为对多样化、时尚化、个性化的追求。

　　第五，伴随三维服装 CAD 技术和虚拟试衣技术的进一步成熟，消费者希望不仅能看到服装在模特身上的标准样式，更希望能看到服装穿在自己身上的立体效果。通过三维人体扫描系统快速扫描并重建人体模型，通过互联网终端设备选择服装款式，从而直接在计算机（电子设备）上观察所选服装的款式、号型、色彩搭配、整体造型等。

第一节　数字化服装设计概述

　　随着社会经济的发展和人民生活水平的提高，人们对服装高品质、时尚性和个性化的要求越来越高，服装行业开始向着"多品种、小批量、短周期、快交货"的方向发展。伴随着数字化技术和网络技术的不断发展，传统的服装行业步入全新的信息化时代。

　　数字化服装技术是指在服装设计、生产、营销、管理等各个环节引入信息化技术，利用计算机高速运算及存储能力和人的综合分析能力对服装设计、生产、销售等环节涉及的人、财、物等进行资源优化配置，对提高企业的产品开发能力、缩短设计制造周期、提高产品质量、降低运营成本、增强企业市场竞争能力与创新能力发挥着重要作用。数字化服装工业则是以信息技术和网络技术为基础，通过对服装设计、生产、营销等环节中各种信息进行收集、整理、共享和应用，最终实现服装企业资源的最优化配置。数字化服装技术主要包括以下几个方面的内容：① 以服装产品开发为主的数字化服装设计技术；② 以服装产品制造加工为主的数字化服装生产加工技术；③ 以服装企业生产运营管理为主的数字化服装生产管理技术。

一、数字化服装设计

数字化服装设计作为数字化服装工业的重要环节直接影响了整个服装行业的数字化发展进程。

最早实现服装数字化技术的是服装计算机辅助设计，发展至今已有40多年了。20 世纪六七十年代，美国采用计算机进行读版、放码、排料，这是一个以代替手工为主的服装 CAD 技术时期；20 世纪八九十年代，美国、法国、日本、西班牙等国相继开发出服装 CAD 系统，如美国格博、法国力克、加拿大派特、日本杨格、德国艾斯特、西班牙艾维等系统。

服装 CAM 技术也开始发展，国外服装企业有 70%以上使用了服装 CAD 技术。2000 年以后，国内服装 CAD 技术开始快速发展，相继出现了不少优秀的服装 CAD 系统，如富怡、布易、航天、日升、至尊宝纺、搏克等系统。目前，我国服装行业服装 CAD 应用普及率在 15%左右，并且服装 CAD 系统正朝着智能化、三维化和快速反应的方向发展，数字化服装设计技术的研究应用范围也在不断扩大。

二、数字化服装生产加工

目前,越来越多的品牌服装企业开始寻求快速、时尚的服装制造模式,其产品品种系列变得多而杂,产品开发周期为了满足"快速的市场反应"需要不断缩短,产品质量要求也在不断提高。因此,数字化服装生产已成为部分走在前沿的服装企业努力实现的目标。

数字化服装生产是一种基于信息技术、涉及服装制造全流程的全新模式。它以数字化信息为基础,以计算机技术和网络技术为依托,收集、整合、传输、应用服装设计、加工、销售等环节中的各种信息,提高生产效率,降低生产成本。

现在已有部分高校、科研机构及企业开展了相应的研究,以应对当下

"多品种、小批量、高质量、快交货"的服装制造发展需要。服装 CAM、服装自动吊挂系统、服装生产模板、全自动缝纫设备、自动裁床等先进的生产设备与科技产品的大规模应用,实现了服装数字化生产方式的有效转变,使得企业流水作业更加顺畅,同时做到服装生产周期的合理把控和生产进度的合理安排,全面提升服装企业竞争力。

三、数字化服装生产管理

数字化管理是指利用计算机、通信、网络等信息技术,通过统计技术量化管理对象与管理行为,实现计划、研发、销售、生产、财务、服务等方面的管理活动。

数字化服装生产管理则是利用信息化技术实现对服装设计、生产、销售、财务、服务等方面的全面管理,实现服装企业各部门、各环节的信息共享,实现服装企业资源的优化配置。

目前,随着服装精益生产管理思想的逐步深入,越来越多的服装企业开始真正意识到数字化生产管理的重要性。伴随各种管理信息系统,如 ERP、PLM、RFID、服装生产高级计划和排程系统(APS)、柔性加工系统(FMS)等的逐步完善和成熟,服装工业工程(IE)、服装看板(KANBAN)现场管理等管理思想的逐步深入以及单件流、细包流、分层生产等生产方式和技术的进步,服装企业数字化生产管理开始步入快速发展轨道,服装行业也开始迎来真正的数字化时代。

四、数字化服装面料视觉设计

数字化面料设计是利用计算机数字图像处理和数据库等技术,建立适应个性化市场快速反应的数字化面料设计系统,可以借助先进的数字化技术、数字图像处理技术,调用设计网库和网络资讯的大量信息。实现面料设计开发的可视化操作,激发设计师的创作灵感,拓宽图形创意视野,突破设计师与目标市场沟通的瓶颈，缩短传统模式设计、实验、打样、确认的磨合期，达到面料设计、创意、生产、市场效益的最优组合。可以运用网像技术和数字化技术合成设计面料，模拟面料产品效果，方便客户选择，并能瞬间通过网络传输确认，同时，它还使企业在生产操作之前，虚拟最终产成品的视觉效果，达到优化工艺、正确决策和减少风险的目的。

（一）面料色彩设计

1. 调整色彩的精准度

通过建立常用色彩库或者借助色彩标准来调整色彩的精准度，使图案和花型、色彩达到最佳效果。

2. 实现不同色彩系统无缝转换

这种转换功能对精准程度特别重要。因为它可以将计算机显示屏显示的色彩与最终数码印染机输出的色彩保持一致，从而达到设计与面料生产的色彩一致。

3. 电子数码配色与分色

图案设计获得的设计样稿通过后续的分色，可做出精细的分色版，而且通过自动减色功能可以合理地减少制版数量，这样既可省成本，又不损失图案效果。

（二）面料款式结构设计

1. 纱线数字化设计

（1）单根纱线。单根纱线的模拟主要是通过设定纱线的粗细、颜色、密度等具体数值来获取相应的外观的纱线特征。

（2）组合纱线。通过模拟各种不同外观特征的纱线组合，模拟普通纱线、混合纱线等不同风格特征的纱线。

2. 织物组织数字化设计

织物组织数字化设计是通过织物组织 CAD 技术来完成的：织物组织 CAD 技术的应用缩短了设计周期、提高了工效、降低了从设计到试样过程的工作强度，可以在织物设计阶段用计算机模拟显示出织物的实际效果，大大提高了新产品的设计能力，并减少浪费，降低试样投入，增强了市场竞争力。

织物组织数字化设计过程是一项复杂细致的工作，以往由手工进行的画点和计算这些技术难度大的，工作大部分可由计算机来代替，但是因为花样纹版处理的复杂性，通过纹版鉴别的方法复杂、效率低、容易出错，而且效果不直接体现出来，缺乏直观性，对于复杂的花样，尤其可能出现设计上的差错：如果每次设计的结果都需采用试织法，试织不满意又重新设计再进行纹版处理试织，直到满意为止，这个重复工作不仅需要很长时间，而且需要消耗大量的人力、物力。

织物的实物模拟是将织物各种主要因素数字化、模型化，即用计算机自动处理实现模拟织物的生成过程并模拟外部环境对织物的影响。织物的实物模拟也为实物的场景模拟、服装辅助设计、虚拟现实、计算机动画等提供了必要的基础，场景模拟，就是将纺织品输入计算机搭建的二维或三维环境中，从而能更加直观方便地评判织物的设计效果。织物模拟效果开发成功后，可以进行直观的织物设计，实现计算机虚拟试样，从而大大减少设计中的不可知性，可在新产品的开发中，降低成本、提高效率，同时也减少了设计师对试样失败的恐惧心理，有利于各类别出心裁、充满创意的产品的问世。

（1）梭织物。梭织物的表面效果由织物结构设计决定，结构是设计精美织纹效果的基础。组织结构模拟设计了分层组合的结构设计方法。以全息组织和组织库设计替代单一组织的设计。梭织物的结构有简单和复杂之分。复杂结构的梭织物由多组经纱和纬纱交织而成，主要应用复杂组织中重纬、重经、双层、多层组织来完成织物结构设计，对于复杂结构梭织物和复杂组织而言，在简单组织的基础上进行组织的组合设计是最基本的设计方法。

（2）针织物。针织物组织结构模拟以 Peil 代模型为基础，采用 NURBS 曲线模拟中心路径，圆形模拟纱线截面，利用 3DSMAX 软件实现线圈及基本组织的计算机三维模拟。在此基础上，以 3DSMAX 强大的动画功能为平俞，从成圈 i 角及针舌的运动、纱线变形仿真三个方面模拟基本组织的编织过程，使针织过程具有直观的视觉效果，便于针织物的设计及改进。

（3）面料质地性能设计。服装设计大多是先从面料的设计搭配入手，根据面料的质地性能、手感、图案特点等来构思。选择适当的面料并通过挖掘面料美来传达服装个性精神是至关重要的，充分发挥材料的特性和可塑性，创造特殊的质感和细节局部，可以阐释服装的个性精神和最本质的美，服装 VSD 系统的面料设计功能可以根据不同质地性能的面料特性进行数字量化设计，例如，可以将针织面料的悬垂性进行数字量化设计，从而使面料设计更加逼真。

第二节　三维人体扫描技术和建模技术

三维服装 CAD 技术和虚拟服装设计及试衣技术是近年来服装行业新的研究热点，随着信息技术和计算机技术的快速发展和广泛应用，服装数字化技术也得到空前发展，特别是基于人体扫描技术的三维人体重建和虚拟试衣技术领域。

通过三维人体扫描仪等信号采集设备，可以方便地获取人体表面信息，这些信息通过大量的点来表达，往往形成包含几百万个点的大型数据包，通常称为点云。通过对点云的处理，可以得到人体的表面表达，实现人体表面重建，进而进行三维服装设计和虚拟试衣。与服装 CAM 技术结合，能直接将设计用于生产加工，从而实现服装设计与生产的全面数字化。

美国、英国等发达国家在三维人体扫描技术领域的研究起步比较早，在该领域处于领先水平。20 世纪 80 年代开始，我国的一些高等院校和研究机构相继步入该领域并进行了深入的研究。

三维人体扫描是现代人体测量技术的主要特征，它是以现代光学为基础，融光电子学、计算机图像学、信息处理、计算机视觉等技术于一体的高新技术。一个完整的三维人体扫描系统主要由光源、成像设备、数据存储及处理系统组成。

首先，光源向人体表面投射光束，可以是白光、激光、红外线、结构光等，这些光投射到人体表面后将产生变形。其次，摄像装置同步拍摄投射到人体表面的光线图。再次，系统软件提取图像中包含的人体表面的数据信息。最后，通过系统软件构建人体模型、提取人体尺寸数据。

根据光源和系统处理方式的不同，常见的三维人体扫描方法主要有以下四种。

（1）立体视觉法

该方法的基本原理是利用成像设备从不同的位置获取被测人体的多幅图像，提取图像中对应的目标点，利用三角测量原理，通过计算图像中对应点的位置偏差来获得点的三维坐标。

立体视觉法可以分为双目立体视觉法和多目立体视觉法，其中双目立体视觉法采用模拟人的双眼观测景物的方式，具有效率快、精度高、成本低、系统结构简单、使用范围广等特点，是立体视觉最常用的实现方式。在立体视觉系统中，摄像机标定以及图像之间的对应点匹配是该领域研究的热点和难点。

法国力克公司的 Vitus Smart 三维人体扫描仪就是采用立体视觉法，该扫描仪由四个柱子的模块系统组成，每个柱子包括 2 个 CCD 摄像机和一个激光发射器。扫描人体时，8个垂直运动的CCD摄像机拍摄激光发射器投射到人体上的激光光纹图像，并迅速计算出人体表面点的三维坐标值，并快速重建一个高度精确的"人体数码双胞胎"，通过系统软件快速提取100多个人体尺寸数据。

天津工业大学的研究团队基于双目立体视觉原理研制了一种便携式三维人体测量系统，能够完成人体表面点云扫描、点云数据处理、人体模型重建，以及人体尺寸的自动测量等。

（2）结构光三角测量法

其原理是先将结构光投射到被测人体上，同时在偏离投射方向的一定角度处用CCD摄像机拍摄人体图像，由于人体表面的起伏会使投射的光源在CCD摄像机中的成像发生一定的偏移，通过求解光的发射点、投影点和成像点的三角关系来确定人体上各点的三维坐标信息。根据光源类型，主要有激光、白炽灯、数字镜像仪、投影仪等。

美国Cyberware的全身三维扫描系统（WBX）就是采用结构光三角测量法。该系统由操作平台、4个扫描头、标尺、系统软件等构成。采用激光作为光源，由激光二极管发射一束激光到人体表面，使用镜面组合从两个位置同时取景，激光条纹因人体体表的形状而产生形变，系统传感器记录形变并通过系统软件生成人体的数字图像。系统的4个扫描头以2 mm为间隔，对人体从上至下进行高速扫描，能够在17 s内扫描全身几十万个数据点。

（3）莫尔条纹干涉法

该方法的基本原理是将一个基准光栅投影到人体表面上，通过人体表面高度信息差使光栅线发生变形，变形的光栅与基准光栅经干涉得到条纹图，系统通过对生成的条纹图进行处理而获取人体表面的三维信息。

莫尔条纹干涉法又可分为扫描莫尔法、影像莫尔法、投影莫尔法等。其中扫描莫尔法用电子扫描光栅和变形叠加生成莫尔等高线，利用现代电子技术,通过改变扫描光栅的栅距、相位等生成不同相位的等高条纹图像,便于计算机处理。影像条纹法是将基准光栅投影到被测人体表面,通过同一栅板观察人体,从而形成干涉条纹。投影条纹法则利用光源将基准栅经过聚光镜投影到被测物体人体表面,经人体表面调制后的栅线与观察点处的参考栅相互干涉, 从而形成条纹。

Wicks&Wilson Limited 生产的 Triform 扫描仪采用白光作为光源,用改进的莫尔轮廓技术捕获被测人体的表面形状,12 s 内扫描得到一个包含 150 万个点的人体立体彩色点云图。

（4）自光相位法

该方法的基本原理是采用白光照明,光栅经过光学投影装置投影到被测人体表面上,由于人体表面形状的凹凸不平,光栅图像产生畸变并带有人体表面的轮廓信息,用摄像机把变形后的相移光栅图像摄入计算机内,经系统处理,计算得到畸变光栅的相位分布图,即可获得被测人体表面的三维数据点。

美国的 TC2 是该方法的典型代表,通过在不到 12 s 的时间内对人体 40 万个点的扫描,迅速获得与服装相关的 100 个左右的人体尺寸, 可以全面精确地反映人体体型。

第三节　人体扫描点云数据处理技术

基于人体扫描技术的数字化服装设计生产包含以下几个重要步骤:数据获取、数据处理、人体建模、三维服装设计、三维虚拟缝合、虚拟试衣和敏捷制造。 其中, 数据获取非常关键, 它是人体建模和三维服装设计的基础。根据数据获取方式的不同可得到不同的原始人体数据,相应的数据处理和人体表面重建方法也各不相同。目前主要采用三维人体扫描系统作为数据输入设备,通过快速扫描人体,可产生几十万到几百万个人体数据点, 即人体点云。人体点云虽然能表达人体表面的一些特征,但往往包含大量多余的信息，如噪声点、孔洞等，重建人体模型前必须进行有效处理。

一、扫描点云类型

点云是空间中数据点的集合。利用三维人体扫描设备对人体进行扫描可获得人体表面数据点，即人体点云。根据人体点云中点的分布特征，可将其分为以下三类。

（1）扫描线点云

由一组与扫描平面平行的扫描线组成，每条线上的点位于扫描平面内。扫描线点云沿扫描方向非常密集，而扫描线之间相对比较稀疏。

（2）散乱点云

点云没有明显的几何形状特征和拓扑结构，呈散乱无序的状态，由激光、结构光等从随机扫描的方式测得的点云为该类型。

（3）网格化点云

经 CMM、莫尔等高线测量、投影光栅测量系统等获得的数据经过网格插值后得到点云为网格化点云。网格化点云含有点云间拓扑关系。

二、人体扫描点云数据处理技术

由三维人体扫描系统获得的人体点云数据量非常庞大，且通常是多视角下的点云数据，数据中不可避免地存在噪声点、冗余点和孔洞等，在进行人体建模等后续操作之前，必须对人体点云数据进行有效处理。

（1）点云降噪与平滑

受扫描设备、扫描环境、扫描误差、标定算法，以及人为因素等影响，人体扫描点云中的部分数据可能与实际人体对应位置存在偏差。这些点属于噪声数据，将直接影响人体建模的质量。

为了解决这一问题，通常需要对点云数据采用降噪处理。常用的方法有高斯滤波法、平均滤波法等，其中高斯滤波法能较好地保持原始点云数据的形貌，中值滤波法则在消除点云数据的毛刺方面效果较好。

数据平滑对滤除噪声数据有一定的正面作用，但也会破坏数据的尖锐性，使边缘失去锐化效果，给特征提取等后续工作带来不利影响。

（2）点云数据精简

真实人体表面通常含有丰富的细节，得到的点云模型往往非常复杂，为了后续建模需要，必须选择合适的方法将点云简化到适当的程度。最常用的是采样法，即设定一定采样规则对点云数据进行采样，未被采样的数据点将被删除。常见的采样算法有以下几种。

① 均匀采样法。假设扫描人体有 n 个数据点。设置采样率 $m(m<n)$，根据数据点的存储顺序，每隔（$m-1$）个点保留一个点，其余点都被删除。从本质上讲，对有序数据，均匀采样法就是等间距采样法，对无序数据，就是随机采样法。

均匀采样法无须搜索数据点的邻域，因此处理速度很快，但其稳定性受扫描方法和点云存储方式的影响，性能不太稳定。

② 倍率缩减法。根据给定的点数进行简化，在每一次遍历中，需要遍历所有点的邻域，并去除相距最近的两个点中的一个，达到设定的数目时算法停止。由于遍历次数多，因此算法的复杂度很高且精简效率较低。

③ 栅格法。栅格法是一种基于几何信息的三维算法，它以初始栅格数和法矢背离容限为控制参数，利用八叉树将点云划分成若干个栅格，计算每个栅格中所有点的放矢的平均值。并把与平均值最接近的点作为采样点。该方法简化后的点集也是接近均匀分布的，与均匀采样和倍率缩减相似。对于密集且较平坦的点云，栅格法效果较好。

④ 弦偏离法。弦偏离法采用极限弦偏离值 u 和最大弦长 l 作为控制参数，在最大弦长 z 内，所有弦偏离值小于可的数据点都将被忽略，即只有达到最大弦长 z 的点或弦偏离不小于 u 的点才会被保留。

如果 u 和 z 的值设置合适，它还能有效地采样到扫描方向的边界线和轮廓线。但该方法只能应用于顺序排列的数据，对于散乱点云，相邻三点的弦偏离值或弦长往往会超出 u 或 z，因此几乎所有点都将被采样，无法达到数据精简的目的。

（3）孔洞修补

人体扫描过程中，有些部位（如腋下、裆部等）由于遮挡而成为扫描盲区，人体点云中会出现孔洞。同时，与地面平行的部位，如头顶、肩部、脚等部位，在扫描过程中往往会被漏扫，造成部分点云数据的缺失而形成孔洞，人体表面重建前必须对这些孔洞进行修补。

可通过局部补测的方法对漏扫部位和盲区进行修补，也可采用一定的算法，分析孔洞与现存部分的关系，并根据这种关系对孔洞进行合理的修补。目前，点云数据孔洞修补的方法主要有如下方法。

① 抛物线切向延拓法。该方法的缺点是如果孔洞区域较大，则精度不易保证，误差较大。

② BP 神经网络修补法。该方法通过对神经网络的训练，有效实现对孔洞数据的修补，但网络训练过程缓慢，处理速度较低。

③ 遗传算法结合神经网络算法。该方法采用遗传算法与神经网络相结合提高了修补数据的生成精度。

④ 拟合方法。可应用于具有复杂曲面形状的点云，但只适用于点云数据在孔洞内部及孔洞周围没有剧烈的曲率变化的情况，在实际应用中有一定局限性。

⑤ 基于核机器的回归修补方法。该方法通过对孔洞中待修补点的邻域色彩数据作回归。得到待修补点的色彩回归值，然后用回归值对应的色彩进行填充，完成对孔洞的修补。

三、三维人体建模技术

近年来，三维人体建模已成为计算机图形学领域研究的热点之一，在三维服装 CAD、虚拟试衣和三维人体动画等领域，都面临着如何解决三维人体建模的问题。

人体表面是一个复杂的曲面,应根据不同需求选择合适的方法进行人体建模。应用于虚拟试衣系统的人体建模方法主要有三种：基于软件的人体建模、基于三维扫描的人体建模和基于人体照片信息的人体建模。

（一）基于建模软件的人体建模

根据人体体型特征,利用通用建模软件 3 Ds Max、Maya 等构建标准化三维人体模型,同时也可以应用参数修改的方法对试衣系统自带的人体模型进行修改调整获得与特定人体接近的个性化三维人体模型,人体模型可根据应用场合存储成不同格式以方便后期调用。

应用软件进行人体建模,由于每个人体都需要重新构建,所以仅适合小规模的人体模型构建。同时,对操作者的操作技巧、软件熟练程度有一定要求。

（二）基于三维扫描技术的人体建模

利用三维人体扫描设备扫描人体获得人体表面的点云数据,通过对点云数据进行降噪、精简、孔洞修补、表面重建等构建个性化的三维人体模型。应用该方法构建的三维人体模型精确,应用场合广泛,但数据处理算法复杂、建模耗时。由于扫描获得的数据量庞大,须经过一系列的数据处理才能对其进行表面重建。重建方法包括构建人体曲面模型、构建实体模型和基于物理的人体模型等。

（1）曲面模型

曲面模型是用顶点、边、表面三种拓扑元素及其相互间的拓扑关系来表示和建立人体,是计算机图形学中最活跃、最关键的学科之一。与线框模型相比,人体曲面模型中的几何拓扑关系更加完备一些,它能提供三维人体的表面信息,可以进行消隐和真实感三维人体模型的显示。由于曲面模型没有定义人体模型的实心部分,所以不能对其进行剖面操作。

目前，对曲面模型的研究主要分为两个方面：一是曲线曲面的设计方法、表示和建模显示等；二是与曲线曲面相关的研究，如多视拼接、光顺去噪、子孔修补、求交、过渡等。常用的曲面建模方法主要有三角曲面片逼近法、参数曲面建模等。

① 三角曲面片逼近法

该方法将人体表面用多个小三角片来表示，能有效解决表面复杂、形状和边界不规则的人体几何造型问题，简化了三维人体模型的显示、分析和计算。三角曲面片划分得越多，精度就越高，人体表面越平滑。

② 参数曲面建模

1971 年法国学者 P，Bezier 提出了贝塞尔曲面的概念，使得由控制点及控制多边形生成曲面成为可能，设计者只需移动控制顶点就可以方便地修改曲面的形状，并且形状变化完全在预料之中，但是控制点位置的移动也对其他部分的曲面产生了影响，不具有局部控制的特性，在复杂的人体曲面建模过程中，存在着拼接方面的困难。

为了解决贝塞尔曲面的局部修改的问题，1972 年 De Boor 提出了 B 样条曲面算法，与构造贝塞尔曲面的方法类似，只是基函数采用了 B 样条基函数。B 样条不但继承了贝塞尔方法的优点，而且还具有独特的局部特性。能方便地对 B 样条曲面进行局部修改，但是 B 样条曲面也存在不足之处，当顶点分布不均匀时，难以获得理想的曲面。

非均匀有理 B 样条（NURBS）曲面克服了 B 样条曲面的缺点，获得了较快的发展和应用，它通过调整控制顶点和权因子来改变曲面的形状，可以精确地表示规则曲面，更有利于曲面形状的控制和修改。1991 年，国际标准化组织（ISO）颁布的工业产品数据交换标准 STEP 中，把 NURBS 作为定义工业产品几何形状的唯一数学方法。

（2）实体模型

20 世纪 70 年代末发展起来的实体建模技术增加了三维人体模型实心部分的表达，使信息更加完备，得到无二义性的人体描述。实体模型提供了人体的几何和拓扑信息，具有局部控制效应，可以实现人体的消隐、真实感人体模型的显示等。但此模型的数据量大，计算耗时，对硬件的要求比较高。目前，实体建模方法中对人体的表达主要有以下3种方式。

① 基于体素分解的方式

该方法将人体层层分解，将其表示成一簇基本体素的集合。该方法简单易行，但它是人体的近似表达，不能反映人体的宏观几何特征。由于体素间的集合运算涉及面与面之间的交运算，再加上计算精度带来的误差等，容易造成体素之间拓扑关系的混乱而出现奇异情况。

② 构造实体几何

该方法通过简单形体，如圆柱体、椭球体、球体等的交、差、并等集合的运算来表达人体外形。该方法能清晰地表达人体的构造过程，直观地描述人体的几何特征。但是该方法存在着多种构造人体的表达方案。并且表达的人体模型不够逼真，很难表示人体动态特征。同时，该方法也存在计算量大、稳定性差等问题。

③ 多面体建模

该方法首先构造一个多面体，然后对多面体的顶点、边、面进行局部修改而构造出与实体外形相似的多面体，通过类似于磨光处理来生成自由曲面的控制顶点，并用参数曲面进行拟合，拼接成所需的形状。根据设计者的构思，可以灵活地进行人体形状的设计。

（3）基于物理的建模

线框模型、曲面模型和实体模型主要描述的是人体的外部几何特征，而对人体本身所具有的物理特征和人体所处的外部环境因素缺乏描述。基于物理建模方法弥补了以上三种建模方法的不足，在建模过程中引入人体自身的物理信息和人体所处的外部环境因素及时间变量，能获得更加真实的建模效果，并对人体的动态过程进行有效的描述。但是在该建模过程中，多采用微分方程组的形式表达，与前三种方法相比，计算要复杂得多。三种表面重建方法如表 5-1 所示。

表 5-1　表面重建方法

重建方法	优点	缺点
曲面模型	有曲面度，能实现消隐和明暗处理并具有局部控制特点	有时产生二义性，结构复杂，对硬件要求较高，运行速度较慢
实体模型	无二义义，可剖面操作，能实现消隐并具有局部控制特点	结构复杂，数据量大，对硬件要求高，运行速度较慢
物理模型	引入人体的物理信息及其所处的外部环境因素及时间变量，能获得更加真实的建模效果	计算复杂，数据量大，对硬件要求高，运行速度较慢

（三）基于人体照片信息的三维人体建模

该方法应用数码设备拍摄人体正、背、侧面的二维图像，将图像信息输入系统中，系统采用一定的算法进行图像处理，基于人体特征提取人体主要的尺寸信息。通过提取人体轮廓线、截面线、特征尺寸等快速生成三维个性化人体模型。

该方法涉及的主要技术有：针对人体照片信息的人体特征元素提取方法、人体二维尺寸信息与三维尺寸信息的转换、基于人体特征尺寸和特征曲线的三维人体模型构建等。

第四节　三维虚拟试衣技术和服装虚拟缝合技术

一、三维虚拟试衣技术

近年来，随着人们对服装时尚性、个性化的要求愈来愈高、服装设计师对立体裁剪的推崇以及计算机技术的飞速发展和软硬件性价比的大幅度提高，使得实现三维服装虚拟试衣成为开发商和用户共同关注的热点。但由于技术还不够成熟，三维虚拟试衣系统的几个重要技术领域仍处于研究阶段。其研究热点主要在以下几个方面。

（1）三维人体测量与人体建模

三维人体测量和人体建模技术是实现三维服装 CAD 技术和虚拟试衣技术的前提和基础，通过三维人体扫描系统快速获取人体表面数据信息，进行人体表面重建，一方面为服装设计生产建立基础人体尺寸数据库和号型库；另一方面通过建立标准化人台模型或者个性化人体模型，开展三维服装设计及三维服装展示。目前，基于光学原理的三维人体扫描技术基本成熟，而精确高效的人体建模技术仍然处于研究探索阶段。

（2）三维服装设计

采用人体建模方法构建个性化或标准化人体模型，设计人员在人体模型上模拟立体裁剪的方式进行三维服装设计，再应用服装 CAD 对服装裁片进行二维展开，同时可利用光照、纹理映射等模拟三维服装真实效果。目前，三维服装的二维裁片展开，即 3D 与 2D 转化问题仍然是服装 CAD 技术领域的研究热点和难点。

（3）三维服装虚拟展示

静态展示：将设计好的 2D 裁片，在三维人体上进行自动缝合并展示三维试衣效果，进行三维面料填充及效果展示，可做多角度旋转展示试衣效果。

动态展示：将设计好的服装"穿"在虚拟模特的身上进行虚拟的动态时装表演。

目前，三维服装虚拟展示（试衣）存在真实感效果差、服装 2D 与 3D 转换不佳、三维服装建模不理想等诸多技术瓶颈。

（一）服装虚拟模拟技术

早期的服装虚拟模拟技术主要是服装的二维展示，即先用照相机等成像设备将穿着服装的模特拍摄下来，利用图像处理技术将不同款式的服装组合在一起，包括对图片进行轮廓提取、剪切、组合、旋转等。

与虚拟服装的二维展示相比，它的三维虚拟模拟就相对复杂多了，其最终所要达到的目标是服装三维建模（几何模型或物理模型），然后将服装虚拟地"穿"到人体模型上，观察服装的静态和动态效果，同时消费者能进行一定程度的交互。

B. Lafleur 等人用圆锥曲面来模拟裙子，并穿着在人体模型上，采用在模型周围生成排斥力场对裙子与人体模特进行碰撞检测。

Hinds 等人利用数字化仪扫描人台获取人台点云数据，通过曲面拟合构建数字化人台模型，然后在数字化人台上进行三维服装设计并进行二维裁片的展开。

之后，很多学者开始对基于物理的服装建模进行大量研究：Well 通过曲面变形构建服装物理模型；Kunii 和 Godota 使用几何与物理的混合模型实现的对服装褶皱的模拟；Aono 使用一种弹性模型的方法模拟了手帕上褶皱的动态形成；Terzopoulos 等人建立了一种通用的弹性模型并将它应用到了服装的悬垂模拟，他们使用 Rayleigh 的瑞利波精确模拟了服装的摆动，并实现了服装与周围环境的碰撞检测来解决服装"穿越"其他物体的问题。

同时，大批学者开始对服装虚拟模拟过程中的碰撞检测算法进行研究。由于在服装虚拟模拟和虚拟试衣过程中，服装与周围环境经常接触，为了防止服装在悬垂、试穿等过程中"穿越"人体模型，必须采用一定的算法对服装与周围环境尤其是人体模型进行碰撞检测。由于碰撞检测涉及的被检测元素很多，计算量很大，因此必须选择高效率的碰撞检测算法以提高服装实时模拟过程中的效率问题。

另外，许多研究人员对二维裁片的三维虚拟缝合开展研究。首先通过服装 CAD 系统打板得到 2D 裁片，然后构建 2D 虚拟模型，在计算机环境中通过施加缝合力将 2D 裁片缝合成 3D 服装，并"穿"在人体模型上，随后观察它的穿着效果。这种方式不失为一种可行的三维服装模拟方式，因为在服装工业中，2D 服装 CAD 系统已经十分成熟并大规模应用，而且在实际服装生产中也是通过对衣片缝纫加工来生产服装的。

（二）三维虚拟试衣技术

随着互联网技术的大规模普及和网络购物的快速发展，以及消费者对服装的个性化、高质量的呼声越来越高，三维服装虚拟试衣已成为当前服装数字化领域的研究焦点。

（1）主要研究领域

无论是静态展示还是动态展示，三维虚拟试衣过程中都涉及服装与人体模型结合的问题，目前主要通过两种途径实现。

① 缝合试衣（2D 裁片虚拟缝合）

该方法通过将 2D 裁片在虚拟人体模型上进行缝合，实现 2D 裁片向三维服装转换。

利用服装 CAD 系统设计服装纸样，建立服装纸样库。系统根据人体模型尺寸调用合适的纸样，通过裁片离散、缝合信息设置等在人体模型上将 2D 裁片缝合成三维服装。通过施加重力等各种外力实现服装悬垂、褶皱效果。通过纹理映射技术，实现三维服装真实感显示。

② 匹配试衣（服装模型与人体模型特征匹配）

该方法首先建立虚拟服装模型，利用特征匹配将服装"穿"在人体模型上。

利用物理建模方法构建三维服装模型，通过纹理映射、光照技术等实现三维服装真实感显示。利用服装与人体特征点、特征线的对应关系，通过特征匹配实现三维服装着装效果。

（2）研究应用现状

① 单机版试衣系统

德国艾斯特系统

艾斯特系统能模拟三维立体效果，进行服装结构图和面料的设计。还有 400 多种数据库供选择打板、补板和修板。能进行量身打板、多种放码和全自动打板。

德国弗劳恩霍夫学会的科学家及其研究小组开发了一个虚拟试衣软件。试衣过程为：先利用手持式三维扫描仪对人体进行扫描，通过系统软件处理快速构建人体模型。然后，消费者可根据销售商提供的服装目录选择服装款式进行"试穿"，结合交互操作通过鼠标控制人体模型完成举手弯腰等动作，同时可以查看服装穿着的合体程度。

香港理工大学纺织及制衣学系的研究员利用半年多时间成功开发出一款智能试衣系统，该系统利用无线射频识别（RFID—Radio Frequency Identification）技术识别试衣间或试衣镜前的服装，顾客只要把挂有 RFID 卷标的服装带到试衣间或试衣镜前，透过射频识别。液晶显示屏就会显示出店铺内其他可搭配的服装。顾客若在屏幕上选定心仪的服装后，系统会实时地将数据传送至店内售货员的网络系统中。

② 网络版试衣系统

随着电子商务技术的发展和大规模普及与应用，网上购物已成为越来越多人的选择。如何在网络虚拟环境中让消费者看到相对真实的服装三维穿着效果成为目前研究的热点。一些大型服装企业开发了基于网络的三维试衣系统及网上试衣间。

H&M 服装公司推出了网上试衣间服务，登录 WWW，hm，com，进入该公司美国网站，选择试衣间，消费者可根据喜好选择网站预设的标准模特或者根据自身体型修改模特。选好后，注册进入"我的模特"，通过确认后，可以用所有在 H&M 销售的服装为模特进行试穿。完成试衣后，消费者可以打印服装款式及试衣效果，去实体店购买服装。

试衣网站 My Virtual Model（MVM）主要为消费者提供服装销售、家庭装饰、形体健美等服务，并以基于人体测量技术进行的网上试衣服务为主。网站的服装销售与很多著名的服装品牌的网站建立链接。点击进入每个品牌的试衣界面，会出现一个虚拟的标准模特，通过选择体型、外貌等特征，并根据消费者自身体型数据可以修改并构建与消费者体型相近的人体模型，系统根据其体型特征给消费者提供合体着装的建议。人体模型构建完成后，消费者可选择不同的服装款式进行试穿，并可以通过自由搭配服装的色彩和款式来查看服装的整体穿着效果。试衣系统通过比较服装尺寸与人体的体型尺寸给出消费者穿着服装的号型建议。

E-TAILOR 项目由欧洲 17 家公司参与，基于数字化服装技术的电子商务模式的典型代表。该项目应用三维人体扫描技术、服装 CAD 技术和电子商务技术，构建一个基于大规模量体定制技术的电子商务平台，面向顾客提供虚拟购物、个性化的定制服装等高附加值服务，同时提高企业的生产效率，降低企业的运营成本，增强企业的竞争力。

此项目所涉及的核心技术包括以下几个部分。

欧洲人体测量数据库和自动人体测量技术：The European Sizing Information Infrastructure（ESII）and Related Automatic Body Measurement Technologies（3D scanners）。

量身定制服装库：The Customized Clothing Infrastructure（CCI）。

虚拟商店库：The Virtual Shopping Infrastructure（VSI）。

③ 体感交互试衣系统

近几年，随着计算机技术和传感器技术的发展，体感交互计算机技术成为研究热点。所谓体感交互，是指"使用者通过人体姿态来控制计算机"。从人类行为学可知，人类最自然的交流是肢体交流，肢体的交流方式更先于人类语言的诞生。从现代计算机行业发展来看，计算机的操控越来越简单人性化。因此，体感交互是未来计算机交互方式的必然趋势。体感交互系统在体育、军事训练以及娱乐游戏领域得到了一定的发展，使得训练和游戏体验更具真实感。目前，微软、谷歌、英特尔等公司都在体感及人机交互技术上投入较多。

随着 3D 试衣技术及其需求的发展，有科研单位开始研发体感试衣系统（3D 体感试衣镜），通过深度体感器和高清摄像机采集人体视频图像并计算出人体的各种数据，将制作好的服装模型穿在人体的视频图像上，人站在设备前的感应区内,通过手势识别将服装自由搭配的效果直观地显示在大屏幕上,实现智能穿衣、试衣、换衣功能。使用者只需站在 3D 体感试衣镜前挥挥手,设备将自动锁定人体骨骼大小,同时显示器展示出新衣试穿上身的效果,并且能看到衣随人动的效果。顾客还可以选择不同的上装、下装、配饰等进行时尚搭配,系统会根据消费者需求给出合理搭配意见。

二、三维服装虚拟缝合技术

在三维服装生成及虚拟试衣过程中,服装 2D 裁片的生成与虚拟缝合是其关键技术。在该过程中,服装 2D 裁片通过虚拟缝合形成三维服装初始形态,通过交互式操作处理对三维服装形态进行再造型,并利用织物纹理映射技术实现服装的真实感显示。与三维人体模型结合,在虚拟缝合过程中合理处理碰撞体间的碰撞检测问题,实现三维虚拟试衣效果。国内外很多科研机构和研究学者开展了三维虚拟缝合与试衣的相关技术及理论研究。

瑞士 Miralab 实验室开发的 MIRACloth 软件采用弹性变形模型,将服装曲面离散化为质点系,通过求解质点系空间运动的微分方程,从时间序列上获取系统的演变。该方法重点研究织物的动态模拟,通过引入外力约束来控制 2D 裁片到三维服装的虚拟缝合过程。其研究方法最接近真实性,整个系统由服装纸样设计、裁片与虚拟人体模型之间的空间位置、虚拟缝合、面料形变、面料属性的定义和样板的修正等部分组成。

Okabe 等采用能量方法将 2D 裁片映射到三维人体模型上,形成接合的服装刚性曲面,织物的力学特征转化为能量方程。该方法以人体模型为约束,以空间各点能量最小进行大变形预测,获取平衡状态下三维服装的形态,适合表现三维服装的静态效果。

Vassilev 与 Lander 采用经典的质点—弹簧模型人体模型三维着装进行了研究。该模型对织物机械属性的描述简单明了。但要求织物按经纬方向进行四边网格划分，给复杂服装的缝制带来一定困难。Fan 等提出基于质点一弹簧变形模型的 2D 到 3D 映射算法，并考虑了碰撞检测问题。

Cordier 等人提出了基于网络的 Etailor 应用，应用 3D 图形技术来创建和模拟虚拟商店，实现在线实时虚拟缝合与展示。

国内相关院校和科研机构也在三维服装虚拟缝合技术领域做了大量研究，包括浙江大学 CAD&，CG 国家重点实验室、东华大学服装学院、中山大学计算机应用研究所、香港理工大学纺织与制衣学系等，它们的研究成果各具特色，但研究思路基本都是通过构建质点一弹簧模型来模拟面料及服装。

综上所述，三维服装虚拟缝合过程涉及 2D 裁片设计与网格剖分、2D 裁片虚拟模拟、模型运动求解、缝合过程控制、碰撞检测及碰撞出响应等多项关键技术问题。

第五节 数字化服装定制

随着人们生活水平的提高和消费观念的改变，个性化需求与日俱增，使得尝试服装定制的人越来越多，而且逐渐成为一种时尚。当人们的物质生活丰富的时候，人们的生活空间和生活方式有着更多的延展，在出席商务谈判、聚会、庆典等多种社交场合还需要用不同的服饰体现自己的修养、社会层次或经济地位。品牌服装的模糊性有时无法概括这种丰富性，服装定制却能够从容应对。这就给服装定制市场带来无限商机。

传统的服装定制是要经过"量体→制板→扎原型→客人试板→修正样板→最终确定样板"这一过程。随着人们对穿着打扮的精益求精，不同消费层次的服装定制频频出现，敢于尝试并且有能力尝试高级定制的人正在稳步增多。定制服装能满足消费者对服装的所有个性化渴望。拥有专属于自己个性的服装，可向人们展示自己不同一般的身份和个性，强调自己的与众不同，展示"个性时尚"的风采。

传统的服装定制基础是人体测量、样板制作、成衣试穿。成衣规格来源于人体尺寸，制板需要技术人员的技能和经验，试穿需要消费者本人直接参与。由于人体体型、个体要求以及服装制作过程的复杂性，在很多情况下，现在的成衣生产很难满足消费者的合体、舒适和个性化需求。随着计算机数字化技术的发展，服装测量、制板、试穿方面的研究已经取得了显著的成果，形成了由三维人体扫描获取量体数据、二维服装制板制作和三维虚拟试衣三个要素构成的数字化服装定制技术。这种新的服装定制生产模式是现代意义的量身定制的服装生产方式，数字化和信息网络化技术所带来的个性化服务使这种定制生产模式区别于传统单量、单裁服装定制生产的重要标志。

　　数字化服装量身定制系统是将产品重组以及生产过程重组转化为批量生产。首先，通过三维人体扫描系统获得客户人体各部位规格信息，将其通过电子订单传输到服装生产 CAD 系统，系统根据相应的尺码信息和客户对服装款式的要求（放松量、长度、宽度等方面的信息），在服装样板库中找到相应的匹配的样板，此系统从获取数据到样衣衣片完成、输出可以缩短到 8 秒，最终进行系统快速反应方式的生产。按照客户具体要求量身定制，做到量体裁衣，使服装真正做到合体舒适；对于群体客户职业装或者制服的制定，需要寻找与之相应的合身的尺码组合。整个操作过程，从获取数据到成衣完成需要 2～3 天的时间，大大缩短了定制生产时间，提高了企业的生产速度。

　　在网络定制平台上，将原本需要消费者提供的个人信息，也简化成了一些标准性的语言供消费者选择。在填写了有关尺寸信息后，消费者只需要针对各个部位挑选自己喜欢的样式就可以完成前期定制过程。从定制一件产品开始，可以通过这套 IT 系统追踪这个消费者。在生产的过程中，可以及时地通过短信、电子邮件等方式通知消费者定制产品已经生产到什么程度了，大概还需要多少时间就可以拿到，让消费者减少等待的焦虑。

数字化服装量身定制系统利用现代三维人体扫描技术、计算机技术和网络技术将服装生产中的人体测量、体型分析、款式选择、服装设计、服装订购、服装生产等各个环节有机地结合起来，实现高效快捷的数字化服装生产链条。作为一种全新的服装生产方式，数字化服装量身定制生产已经成为国内外服装生产领域研究的重点，并将成为未来数字化服装生产的一个重要的发展方向。

参考文献

［1］陈桂林. 服装模板技术［M］. 北京：中国纺织出版社，2014.

［2］陈利群. 数字化图形创意设计及制作［M］. 南京：东南大学出版社，2020.

［3］丛杉. 服装人体工效学 服装穿着适体性量化判别［M］. 北京：中国轻工业出版社，2015.

［4］郭瑞良. 服装三维数字化应用［M］. 上海：东华大学出版社，2019.

［5］韩燕娜. 数字化背景下三维服装模拟技术与虚拟试衣技术的应用［M］. 中国原子能出版社，2019.

［6］胡兰. 服装艺术设计的创新方法研究［M］. 北京：中国纺织出版社，2018.

［7］黄飚. 计算机辅助服装设计［M］. 重庆：重庆大学出版社，2015.

［8］黄嘉，向书沁，欧阳宇辰. 服装设计：创意设计与表现［M］. 北京：中国纺织出版社，2020.

［9］焦成根. 设计艺术鉴赏［M］. 长沙：湖南大学出版社，2020.

［10］李爱英，夏伶俐，葛宝如. 服装设计与版型研究［M］. 北京：中国纺织出版社，2019.

［11］李金强. 服装 CAD 设计应用技术［M］. 北京：中国纺织出版社，2019.

［12］凌红莲. 数字化服装生产管理［M］. 上海：东华大学出版社，2014.

［13］苏永刚. 服装设计［M］. 北京：中国纺织出版社，2019.

［14］孙慧扬. 服装计算机辅助设计［M］. 北京：中国纺织出版社，2020.

［15］王荣，董怀光. 服装设计表现技法［M］. 北京：中国纺织出版社，2020.

［16］徐晨. 数字媒体技术与艺术美学研究［M］. 北京：北京工业大学出版社，2020.

［17］杨晓艳. 服装设计与创意［M］. 成都：电子科技大学出版社，2017.

［18］杨永庆，杨丽娜. 服装设计［M］. 北京：中国轻工业出版社，2019.

［19］詹炳宏，宁俊. 服装数字化制造技术与管理［M］. 北京：中国纺织出版社，2021.

［20］钟安华. 服装数字化 1 青年女性体型研究与服装版型设计［M］. 武汉：湖北科学技术出版社，2019.

［21］周琴. 服装 CAD 样板创意设计［M］. 北京：中国纺织出版社，2020.

［22］朱广舟. 数字化服装设计　三维人体建模与虚拟缝合试衣技术［M］. 北京：中国纺织出版社，2014.